FORSCHUNGSBERICHTE DES LANDES NORDRHEIN-WESTFALEN
Nr. 2391

Herausgegeben im Auftrage des Ministerpräsidenten Heinz Kühn
vom Minister für Wissenschaft und Forschung Johannes Rau

Prof. Dr.-Ing. Friedrich Eichhorn
Dr.-Ing. Arnold Engel

Institut für Schweißtechnische Fertigungsverfahren
der Rhein.-Westf. Techn. Hochschule Aachen

Dynamisches Verhalten der Unterpulver-Schweißzone

Westdeutscher Verlag 1974

© 1974 by Westdeutscher Verlag GmbH, Opladen
Gesamtherstellung: Westdeutscher Verlag

ISBN-13: 978-3-531-02391-5   e-ISBN-13: 978-3-322-88250-9
DOI: 10.1007/978-3-322-88250-9

Inhalt

1. Einleitung 5
2. Dynamisches Verhalten des metallischen Schmelzbades 5

   2.1 Bewegungen des gesamten Schmelzbades 5
   2.2 Veränderungen der Lichtbogenlänge infolge des Pulsierens des Schmelzbades 8
   2.3 Strömungen im metallischen Schmelzbad 9
   2.4 Zeitliche Veränderungen der Einbrandtiefe aufgrund der Schmelzbadbewegungen 13

3. Dynamisches Verhalten des Schlackenbades 13
4. Gesamtüberblick über die Vorgänge an der Unterpulverschweißstelle 14
5. Literaturverzeichnis 18
6. Tafeln und Abbildungen 20
7. Begriffe und Abkürzungen 42

1. Einleitung

Das Unterpulverschweißen mit Drahtelektrode ist ein Lichtbogenschweißverfahren, welches sich besonders zum vollmechanisierten Verbindungsschweißen von Stahl im Blechdickenbereich oberhalb 10 mm eignet. Der Lichtbogen brennt dabei unter einer lose aufgeschütteten Schicht mineralischen Pulvers und schmilzt die kontinuierlich zugeführte Drahtelektrode, den Grundwerkstoff und das die Schweißstelle umgebende Schweißpulver örtlich auf. Das Verfahren hat das Lichtbogenschweißen von Hand mit umhüllten Stabelektroden im Schiffbau, im Behälterbau, im Brückenbau und in der Rohrfertigung wegen seiner Wirtschaftlichkeit weitgehend abgelöst. Die Automatisierung erforderte experimentelle Untersuchungen zur Ermittlung günstiger Schweißbedingungen für die einzelnen Schweißaufgaben, aus deren Vielfalt einige Beispiele im Schrifttumsnachweis aufgeführt sind [22,23,26,27,30,34,36]. Die theoretischen Grundlagen des Unterpulver-Schweißverfahrens sind jedoch trotz intensiver Forschung in den letzten Jahren noch nicht in geschlossener Form bekannt [6,8-11,13,14,21,31,34,37].

Indessen bahnt sich mit der Mehrdrahtschweißung eine weitere Stufe der Rationalisierung an. In den Forschungslaboratorien einzelner Firmen werden Verfahrensvarianten erprobt, die z. B. mit bis zu zehn gleichzeitig abschmelzenden Schweißdrähten arbeiten, um die Abschmelzleistungen zu erhöhen, die Fertigungszeiten zu verkürzen und damit die Wirtschaftlichkeit zu verbessern [33]. Damit erhöht sich im Vergleich zur Eindrahtschweißung die Zahl der Parameter, die sich gegenseitig beeinflussen, auf ein Vielfaches. Eine Auswahl der Werte, die diese Parameter zum Erzielen eines guten Schweißergebnisses annehmen müssen, ist nur auf empirischem Wege möglich. Es müssen für jede Aufgabenstellung umfangreiche Versuchsreihen durchgeführt werden, deren Ergebnisse wegen des fehlenden theoretischen Überblickes nicht verallgemeinert werden können.

Eine Rationalisierung des Unterpulver-Schweißverfahrens erfordert eine genaue Kenntnis der Vorgänge beim Eindrahtschweißen, da nur mit Hilfe gesicherter wissenschaftlicher Unterlagen eine verfahrenstechnische Weiterentwicklung mit geringem zeitlichen und finanziellen Aufwand möglich ist.

Einen Beitrag hierzu soll die vorliegende Arbeit leisten, die das Ziel verfolgt, grundlegende Erkenntnisse über das dynamische Verhalten der Schweißzone beim Unterpulverschweißen zu gewinnen.

2. Dynamisches Verhalten des metallischen Schmelzbades

2.1 Bewegungen des gesamten Schmelzbades

Der erste Hinweis, daß beim Unterpulverschweißen das Schmelzbad keinen stationären Zustand erreicht, stammt von Tannheim [32].

Er beobachtete während der Durchstrahlung der Schweißstelle mit
Röntgenstrahlen ein dauerndes unruhiges Brodeln an der Stelle,
wo sich die Schlackendecke auf das Schmelzbad legt. Von B.I.
Medowar und A.M. Makara (zitiert von Paton in [24]) wird angenommen, daß das Schweißbad ununterbrochen um eine mittlere Lage
herum pendelt und sich unter dem Einfluß der Schwerkraft und des
sich ständig ändernden Lichtbogendruckes in einem beweglichen
dynamischen Gleichgewicht befindet. Tybus bestätigt diese Auffassung mit der Beobachtung einer entgegengesetzt zur Schweißrichtung laufenden Wellenbewegung des Schweißbades [35].

Die eigenen Ergebnisse bezüglich der Bewegungen des Schmelzbades
wurden mit Hilfe der Röntgen-Hochgeschwindigkeitsfotografie gewonnen.

Der Versuchsaufbau für die Röntgen-Hochgeschwindigkeitsaufnahmen
geht aus der schematischen Darstellung von Abb. 1 hervor. Die
Röntgenstrahlen durchdringen die Schweißstelle und treffen auf
den Leuchtschirm eines Röntgenbildverstärkers. Unmittelbar an ihm
anliegend ist eine großflächige Fotokathode angebracht. Entsprechend den Helligkeitsunterschieden des Röntgenschattenbildes des
Leuchtschirms emittiert die Fotokathode Elektronen, die durch
eine Spannung von etwa 25 kV beschleunigt und auf einen kleinen
Beobachtungsschirm fokussiert werden. Auf diesem entsteht ein um
den Faktor 11 verkleinertes und in seiner Helligkeit gegenüber
dem Leuchtschirm 3000-fach verstärktes scharfes Bild, welches mit
einer Hochgeschwindigkeitskamera aufgenommen wird [7]. Wegen der
starken Absorption der Röntgenstrahlen durch Schweißpulver und
Schlacke konnte die Bildfrequenz nicht über 500 s^{-1} gesteigert
werden. Die Breite der Schweißzone mußte auf 20 mm begrenzt werden. Um eine Überhitzung des Grundwerkstoffes zu vermeiden, wurde dieser in Längsrichtung durchbohrt und mit Kühlwasser gekühlt.
Die Stromstärke lag aus dem gleichen Grunde in einem Bereich
von nur 170 bis 260 A bei einem Drahtdurchmesser von 1,6 mm (Tafel 1). Abb. 2 zeigt eine unter diesen Bedingungen erzielte
Schweißraupe, die nachweist, daß bei den verwendeten Schweißbedingungen praxisnahe Verhältnisse herrschen.

Gleichzeitig mit den Filmaufnahmen wurde das Strom-Spannungs-
Oszillogramm mit einem Flüssigkeitsstrahl-Oszillografen registriert. Sowohl auf dem Film als auch auf dem Oszillogramm wurden
die Marken eines Zeitmarkengenerators aufgezeichnet, so daß eine
genaue Zuordnung zwischen dem Geschehen auf dem Film und dem
Oszillogramm möglich war.

Um das Schmelzbad vollständig zu erfassen, sollte der Grundwerkstoff nach Möglichkeit völlig durchstrahlt werden, das Schweißgut sollte dagegen die Röntgenstrahlen absorbieren. Dies war
nur mit der Wahl von zwei verschiedenen Werkstoffen möglich:
Aluminium als Grundwerkstoff und Stahldraht als Zusatzwerkstoff.
Unter dem basischen Schweißpulver entstanden trotz Anwendung
dieser praxisfremden Werkstoffkombination gleichmäßige porenfreie Blindraupen (Abb. 3). Die Bindung des Stahl-Schweißgutes
mit dem Aluminium-Grundwerkstoff war zwar wegen der Bildung von
spröden intermetallischen Phasen mangelhaft [12], jedoch läßt
die gleichmäßige Raupenausbildung den Schluß zu, daß die Vorgänge
in der Schweißzone ähnlich sind wie beim Schweißen auf Stahl.
Ein Vergleich der entsprechenden Strom-Spannungs-Oszillogramme
und der Röntgen-Hochgeschwindigkeitsfilme bestätigt die Richtigkeit dieser Annahme.

Eine Übersicht über das Versuchsprogramm zur Bestimmung der Schmelzbadbewegungen gibt Tafel 2, und ein für alle Versuche repräsentatives Ergebnis ist in Abb. 4 dargestellt. Hier wird in einer Bildserie der in sämtlichen Versuchen annähernd gleichartig verlaufende Zyklus der Schmelzbadbewegungen wiedergegeben.

Eine vollständige zahlenmäßige Erfassung der Schmelzbadbewegungen ist nicht möglich, da es sich nicht um periodische Schwingungen handelt. Eine Grundschwingung, die unter anderem von der Masse und der Temperatur des Schmelzbades und von den geometrischen Verhältnissen an der Schweißstelle abhängt, wird durch Störgrößen überlagert, deren Ursachen nur aus dem Zusammenwirken sämtlicher Vorgänge an der Schweißstelle abgeleitet werden können (s. Abschnitt 4.).

In Abb. 5 wird der zeitliche Verlauf der Schmelzbadbewegungen vereinfacht dargestellt. Es wird nicht die Bewegungsamplitude, sondern nur die Bewegungsrichtung des Bades angegeben. Eine Gerade, die in einem Winkel von + 45° zur Zeitachse verläuft, symbolisiert für den entsprechenden Zeitabschnitt eine Vorwärtsbewegung des Schmelzbades, d. h. eine Bewegung in Schweißrichtung. Eine Gerade, die in einem Winkel von - 45° zur Zeitachse verläuft kennzeichnet eine Verdrängung des Schmelzbades entgegen der Schweißrichtung. Eine kurze Verweilzeit des Bades wird durch eine Horizontale dargestellt.

Wegen der größeren Trägheit des Schweißbades im Vergleich zum nahezu trägheitslosen Lichtbogen wirken sich kurzzeitige Schwankungen des Schweißstromes und dessen Oberwelligkeit nicht auf die Dynamik des Schmelzbades aus. Aber die ausgeprägten Schwankungen des Schweißstromes weisen einen deutlichen Zusammenhang mit dem zeitlichen Verhalten des Schmelzbades auf. Gleichzeitig mit den steilen Anstiegen der Schweißstromstärke findet eine Bewegung des Schmelzbades entgegen der Schweißrichtung statt, ein Absinken der Stromstärke wird dagegen von einem Vorlaufen des Schmelzbades begleitet (Abb. 5).

Dieser Zusammenhang kann mit den Überlegungen von Sack [29], Lorenz [18] und Maecker [19] erklärt werden. Der Lichtbogen übt in seinem werkstückseitigen Fußpunkt eine axiale Kraft auf das Schmelzbad aus, die proportional mit dem Quadrat des Schweißstromes wächst. Hinzu kommen noch die in der gleichen Richtung wirksamen Rückstoßkräfte des verdampfenden Grundwerkstoffes, die nach van Adrichem ebenfalls proportional mit dem Quadrat des Schweißstromes wachsen [1]. Wird ein stationärer Zustand vorausgesetzt, was unter anderem die Annahme eines konstanten Schweißstromes einschließt, so kann eine zeitlich konstante Verdrängung des Schmelzbades durch die konstant bleibenden Kräfte annähernd abgeschätzt werden (Abb. 6). Eine Berücksichtigung des tatsächlichen zeitlichen Schweißstromverlaufes ergibt aber Kräfte, die sich während einer Schweißung je nach den eingestellten Schweißbedingungen um den Faktor 10 bis 50 verändern können. Sie sind daher als Hauptursache für die heftigen Bewegungen des Schmelzbades anzusehen.

Bei sämtlichen Schweißungen der Versuchsreihe nach Tafel 2 konnten Schmelzbadbewegungen festgestellt werden, die sich ähnlich wie in den Abb. 4 und 5 darstellen lassen. Um aber die Abhängigkeiten zwischen der Badbewegung, dem Verlauf der Schweißstromstärke und den anderen Schweißparametern zu untersuchen, müssen für alle Variablen quantitative Angaben vorliegen. Die Position des metallischen Schmelzbades läßt sich jedoch nicht mit einem einzigen Zahlenwert, der zeitlichen Schwankungen unterliegt, angeben. Als eindeutige Ersatzgröße für eine Darstellung der Position des Schmelzbades erwies sich der im folgenden Abschnitt definierte Elektrodenabstand, der während der Existenz eines Lichtbogens mit der Lichtbogenlänge identisch ist. Eine Voraussetzung für den Vergleich zwischen dem Elektrodenabstand und der Badbewegung ist allerdings, daß die Veränderung der Position des elektrodenseitigen Lichtbogenansatzpunktes gegenüber den Bewegungen des werkstückseitigen Lichtbogenansatzpunktes vernachlässigbar ist. Die Versuche zur Bestimmung des dynamischen Verhaltens des Schmelzbades wurden unter Bedingungen durchgeführt, die einen gleichmäßigen Werkstoffübergang, gemäß den Abb. 7 und 8 verursachten, so daß die angeführte Voraussetzung erfüllt war.

2.2 Veränderungen der Lichtbogenlänge infolge des Pulsierens des Schmelzbades

Der Hell-Dunkel-Kontrast von Röntgenbildern entsteht nur aufgrund der unterschiedlichen Massenschwächungskoeffizienten der einzelnen Zonen des abzubildenden Gegenstandes. Gegenüber den anderen am Schweißprozeß beteiligten Komponenten wie Pulver, Schlacke und Metall ist die Absorption von Röntgenstrahlen durch Gase stets gleichermaßen vernachlässigbar, welche Temperatur sie auch besitzen mögen. Daher ist es nicht möglich, anhand von Helligkeitsunterschieden innerhalb der sich deutlich abzeichnenden Schweißkaverne den Lichtbogen zu lokalisieren. Auf die Position des Lichtbogens kann nur indirekt geschlossen werden, und zwar anhand der sichtbaren Auswirkungen in seinen beiden Ansatzpunkten.

In Abb. 9 ist die Bildserie 4 nochmals dargestellt, zusätzlich ist jeweils die mutmaßliche Position des Lichtbogens eingetragen. Für ein Brennen des Lichtbogens in der eingezeichneten Schräglage sprechen folgende Tatsachen. Einerseits haben die lichtoptischen Untersuchungen des Werkstoffüberganges beim Unterpulverschweißen von Franz gezeigt, daß der Tropfenübergang in einer der Lichtbogenausbildung entgegengesetzten Richtung verläuft [8]. Bei dem in den eigenen Untersuchungen überwiegenden Tropfenübergang entlang der vorderen Kavernenbegrenzung wird der Lichtbogen daher nicht in der Verlängerung der Elektrodenachse brennen. Er wird seinen werkstückseitigen Fußpunkt entgegen der Schweißrichtung verschieben und dadurch eine schräge Lage einnehmen. Außerdem ist auf den Röntgenbildern eine ungleichmäßige Wölbung des entgegen der Schweißrichtung hochgedrückten Schmelzbades erkennbar. Es kann angenommen werden, daß der Bereich mit der stärksten Krümmung der Vertiefung im Schmelzbad entspricht, die durch Lichtbogen- und andere Kräfte im werkstückseitigen Lichtbogenansatzpunkt entsteht. Aus diesen Gründen kann der Abstand zwischen dem Ende der Drahtelektrode und dem Bereich stärkster Krümmung der Oberfläche des aufgewölbten Schmelzbades als die Länge des Lichtbogens angesehen werden. In den kurzen Zeiten, in denen unter bestimmten Voraussetzungen kein Lichtbogen brennt, bewegt sich das Schmelzbad in Schweißrichtung, die ausgeprägte Krümmung im Bad füllt sich auf, und der Abstand zwischen Elektrode und Schmelzbad vermindert sich. Dieser Abstand, der weiterhin charakteristisch für die Schmelzbadbewegung ist (Abb. 10), kann allerdings mangels Existenz eines Lichtbogens zu diesem Zeitpunkt nicht "Lichtbogenlänge" genannt werden. Die Strecke zwischen dem Elektrodenende und dem entferntesten Bereich des flüssigen Schmelzbades soll daher allgemeingültig als Elektrodenabstand bezeichnet werden. Sobald bei steigender Stromstärke das Schmelzbad zurückgedrängt wird, vergrößert sich der Elektrodenabstand, bei einer Bewegung des Bades in Schweißrichtung wird eine Verringerung des Elektrodenabstandes gemessen.

Die Abb. 11 bis 18 zeigen für sämtliche Versuche der Versuchsreihe nach Tafel 2 unter anderem die Gegenüberstellung des Elektrodenabstandes mit dem synchron zum Film registrierten Strom-Spannungs-Oszillogramm. Hierfür wurde aus jedem Röntgen-Hochgeschwindigkeitsfilm ein Bereich von 400 Bildern ausgewertet. Der Abstand der Elektrode ist wegen der Trägheit des Schmelzbades keinen so kurzzeitigen Schwankungen unterworfen wie der elektrisch, thermisch und mechanisch nahezu trägheitslose Lichtbogen, dessen Verhalten den zeitlichen Verlauf des Schweißstromes weitgehend bestimmt. Dagegen werden die Schweißstromschwankungen, deren Dauer im Bereich von 0,02 s oder mehr liegt, vom Verlauf des Elektrodenabstandes zumindest in ihrer Tendenz reproduziert, d. h. bei jeder Vergrößerung der Schweißstromstärke erfolgt auch eine Zunahme des Abstandes zwischen Elektrode und Schmelzbad und umgekehrt. Da weiter oben ein eindeutiger Zusammenhang zwischen Elektrodenabstand und Schmelzbadbewegungen festgestellt wurde, sind die Abb. 11 bis 18 auch ein Nachweis für die allgemeine Richtigkeit der im Abschnitt 2.1 geäußerten Behauptung, die Schwankungen der Schweißstromstärke seien als Hauptursache für die Badbewegungen anzusehen.

Die Reaktionsgeschwindigkeit der Energiequelle war groß genug, um bei sämtlichen Versuchen auch kurzzeitige Strom- und Spannungsänderungen gemäß der statischen Kennlinie ablaufen zu lassen. Die Neigung dieser Kennlinie hatte im untersuchten Bereich keinen Einfluß auf die dynamische Charakteristik des Schweißprozesses, wie ein Vergleich von Abb. 18 und des entsprechenden Röntgen-Hochgeschwindigkeitsfilmes (Kennlinienneigung = 3 V/100 A) mit den übrigen Ergebnissen dieser Versuchsreihe, insbesondere Abb. 12, (Kennlinienneigung = 1 V/100 A), zeigt.

2.3 Strömungen im metallischen Schmelzbad

Die Existenz von Strömungen innerhalb des metallischen Schmelzbades beim Lichtbogenschweißen wurde schon von Apps und Milner erkannt und als eine Möglichkeit der Wärmeübertragung zwischen der Lichtbogenzone und der Erstarrungsfront angesehen [14]. Die Einbrandtiefe und der Raupenquerschnitt werden zwar durch den Wärmeübergang zwischen dem flüssigen Schmelzbad und dem festen Grundwerkstoff nur geringfügig beeinflußt, die Länge des Schmelzbades und seine Erstarrungsbedingungen werden durch diesen Energietransport jedoch verändert. Rykalin und Beketov erklären auf diese Weise die Unterschiede zwischen der tatsächlichen Schmelzbadausbildung und ihrer theoretisch berechneten Form unter Annahme einer punktförmigen Wärmequelle [28]. Christensen, Davies und Gjermundsen [4] und Ishizaki [15] äußern Vermutungen über den Strömungsverlauf im Schmelzbad und kommen zu entgegengesetzten Auffassungen, die weiter unten mit den eigenen Ergebnissen verglichen werden. Rabkin beobachtete beim Schutzgasschweißen an der Oberfläche des Schmelzbades Strömungen, die entgegengesetzt zur Schweißrichtung verlaufen [25].

Die ersten gezielten Versuche zur Bestimmung des Strömungsverhaltens im metallischen Schmelzbad wurden von Ishizaki, Murai und Kanbe vorgenommen [16]. In Modellversuchen wurden die konvektiven Strömungen in Paraffin- und Stearinschmelzen beim punkt- und flächenförmigen Erhitzen mit einem Lötkolben untersucht. Die Ergebnisse wurden anschließend auf WIG-Schweißungen von Blei und Stahl übertragen - allerdings ohne Berücksichtigung der Lichtbogenkräfte, so daß die Schlußfolgerungen nicht allgemeingültig sein können. Bradstreet beobachtete beim MIG-Schweißen von Stahl die Strömungen an der Schmelzbadoberfläche [3]. Annhand des Verbleibes von Kontrastwerkstoff, der in den Grundwerkstoff eingelassen war und überschweißt wurde, schloß er auf Strömungen entlang der Erstarrungsfront. Woods und Milner untersuchten das Strömungsverhalten von Schweißbädern nach verschiedenen Gesichtspunkten und mit unterschiedlichen Methoden [38]:

a) Modellversuche an Quecksilberbädern mit eintauchender Elektrode (ohne Lichtbogen),

b) WIG-Schweißungen an Wismuth-Zinn-Legierungen (Schmelztemperatur = $138^{O}C$), in die ein Indiumtropfen als metallografischer Kontrastwerkstoff eingegeben wurde und

c) Beobachtung der Bewegung von Oxidfilmen an der Wurzelseite von voll durchgeschweißten Blindraupen auf 2 mm dicke Bleche verschiedener Metalle.

Ihre Schlußfolgerung, daß Strömungen im Schmelzbad beim Lichtbogenschweißen primär auf die Lorentz-Kraft und nur sekundär auf Lichtbogenkräfte zurückzuführen sind, weicht entscheidend von der in den zuvor zitierten Arbeiten geäußerten Meinung ab.

Die einzigen Versuche zur Ermittlung der Strömungen im Schmelzbad während des Unterpulverschweißens wurden von Mori und Horii durchgeführt [21]. Ihre Versuchsmethode bestand aus einer Zugabe von radioaktiven Isotopen in das Schmelzbad während des Schweißens. Die anschließende Messung der Strahlungsverteilung im erstarrten Schmelzbad ließ Rückschlüsse auf den zurückgelegten Weg des Kontrastwerkstoffes, d. h. auf die Strömungen im Schmelzbad zu.

Im Rahmen der eigenen Versuche zur Bestimmung des Strömungsverhaltens in einem Unterpulver-Schmelzbad wurde zunächst die Existenz dieser Strömungen nachgewiesen. Hierfür wurde ein Schweißbad an sechs verschiedenen Stellen durch metallografisch nachweisbare Kontrastwerkstoffe markiert. Bohrungen im Grundwerkstoff, die als Kontrastmittel Zirkondraht und Eisensulfidpulver enthielten, wurden überschweißt. Der Verbleib der Kontrastwerkstoffe im erstarrten Schweißgut geht aus dem oberen Teil der Abb. 19 hervor. Die Darstellung ist eine Montage von zwei Bildern des gleichen Längsschliffes, die auf unterschiedliche Weise hergestellt wurden:

a) Ätzung mit zehnprozentiger Salpetersäure zum Sichtbarmachen von Zirkon und

b) Schwefelabdruckprobe zum Sichtbarmachen von schwefelhaltigen Bestandteilen, die sich aus der Zufuhr von Eisensulfid ergeben.

Die Begrenzungen, die mit a bezeichnet sind, kennzeichnen die mit Zirkon angereicherten Erstarrungsfronten, die mit b bezeich-

neten Erstarrungsfronten sind durch das plötzliche Zulegieren
von Eisensulfid markiert. Die Abbildung zeigt deutlich, daß die
Kontrastwerkstoffe von ihrer Ausgangsposition aus etwa 50 mm entgegen
der Schweißrichtung transportiert wurden.

Um die hierfür verantwortlichen Strömungen zu untersuchen, ist
eine genaue Bestimmung des Zeitpunktes der Zufuhr des Kontrastwerkstoffes
erforderlich. Dies ist jedoch nicht möglich, wenn er
in den Grundwerkstoff eingebettet wird, da die Position des
werkstückseitigen Lichtbogenansatzpunktes zu großen Schwankungen
unterworfen ist. Eine genauere zeitliche Zuordnung wurde durch
Einbetten des Kontrastwerkstoffes in den Schweißdraht erreicht,
da der elektrodenseitige Lichtbogenansatzpunkt den gesamten Drahtquerschnitt
erfaßt und so der Beginn der Kontrastwerkstoffzufuhr
zu einem bestimmten Zeitpunkt t_1 registriert werden kann. Wird der
Schweißvorgang zu einem späteren Zeitpunkt t_2 unterbrochen, so
kann aus dem Schliffbild der Schweißraupe bestimmt werden, wie
weit der Kontrastwerkstoff in der Zeit $\Delta t = t_2 - t_1$ durch die
Strömungen im Schmelzbad transportiert worden ist. Bei den durchgeführten
Versuchen wurden t_1, t_2 und Δt nicht direkt bestimmt,
sondern durch sorgfältiges Registrieren der Position des Schweißdrahtes
und der Drahtvorschubgeschwindigkeit genau berechnet.

Abb. 20 zeigt die Abmessungen eines Schweißdrahtes mit einem eingelegten
Kupferdraht als Kontrastwerkstoff vor und nach der Schweißung.
Durch Messung der abgeschmolzenen Länge des Kontrastwerkstoffes $\Delta l = l_1 - l_2$ und der Drahtvorschubgeschwindigkeit v_D
konnte die Zeit Δt bestimmt werden: $\Delta t = \Delta l/v_D$. Damit die Messung
von Δl nur den Abbrand des Kontrastwerkstoffes im Lichtbogen anzeigte
und nicht durch ein Abschmelzen der Elektrode im flüssigen
Schlackenbad nach Beendigung des Schweißprozesses verfälscht wurde,
mußte der Schweißdraht nach Verlöschen des Lichtbogens schlagartig
hochgezogen werden. Dies geschah durch Anheben des gesamten
Schweißkopfes mit Hilfe der in Abb. 21 dargestellten Vorrichtung.

In Abb. 22 sind Längsschliffe von Proben, denen unterschiedliche
Zeiten Δt für die Verteilung des Kontrastwerkstoffes zugrunde
liegen, dargestellt. Bei $\Delta t = 0,04$ s treten die ersten Spuren des
Kontrastwerkstoffes am vorderen Rand der Schmelzfront auf, was
mit der vorherrschenden Richtung des Tropfenüberganges (Abb. 7)
übereinstimmt. Wird eine größere Zeitspanne ($\Delta t = 0,11$ s) zwischen
der ersten Zufuhr des Kontrastwerkstoffes und dem Ende des
Schweißvorganges eingestellt, so wird er in die der Schweißrichtung
entgegengesetzte Richtung transportiert. Stehen dem Kontrastwerkstoff
für diese Bewegungen noch längere Zeiten zur Verfügung
($\Delta t = 0,16$ s), so ist er im gesamten Schmelzbad verteilt.

Es läßt sich daher ein Verlauf der Strömungen im Schmelzbad herleiten,
wie er in Abb. 23 eingezeichnet ist. Der Zusatzwerkstoff
bewegt sich zunächst an der Erstarrungsfront entlang entgegen
der Schweißrichtung, um nach einer Umkehrung der Strömung am rückwärtigen
Ende des Schweißbades wieder in Schweißrichtung zu fließen.

Die mittlere Strömungsgeschwindigkeit läßt sich anhand von Abb.
22 abschätzen. Bei den verwendeten Schweißdaten ($I_s = 740$ A,
$U_s = 32$ V, $v_s = 0,5$ cm/s) beträgt sie 40 cm/s und übertrifft damit
die Schweißgeschwindigkeit nahezu um zwei Zehnerpotenzen.

Der in Abb. 23 dargestellte Strömungsverlauf widerspricht den
Vermutungen von Ishizaki [15], steht aber im Einklang mit den
Überlegungen von Christensen, Davies und Gjermundsen [4] und den
Versuchen von Bradstreet [3] und Mori und Horii [21]. Ein quantitativer Vergleich ist jedoch nur mit der letztgenannten Arbeit
möglich, da nur sie sich mit der Unterpulverschweißung befaßte.
Ein Vergleich der mittleren Strömungsgeschwindigkeit ergibt,
daß die eigenen Werte ca. eine Zehnerpotenz über den Ergebnissen
von Mori und Horii liegen (Abb. 24). Die Abweichung dieser Ergebnisse wird nur in zweiter Linie von den unterschiedlichen Randbedingungen wie Grundwerkstoffdicke, Pulvertyp oder Drahtdurchmesser abhängen. Die Hauptursache dürfte in der unterschiedlichen Versuchstechnik liegen. Während in den eigenen Versuchen die
Zeiten zwischen Kontrastwerkstoffzufuhr und Beendigung des Schweißprozesses bei maximal 0,16 s lagen, da in dieser kurzen Zeit schon
eine vollständige Durchmischung stattfand, unterbrachen Mori und
Horii ihre Schweißungen erst 1,5 s nach der Zufuhr ihres radioaktiven Kontrastwerkstoffes, so daß ihre Berechnung der Strömungsgeschwindigkeit auf falschen Voraussetzungen beruhen dürfte.

Der in Abb. 23 dargestellte Strömungsverlauf gilt nur für ein
Schweißbad im stationären Zustand. Die heftigen Bewegungen, die
das gesamte Schweißbad erfassen, werden sich der Strömungsbewegung überlagern und einen Verlauf ergeben, der vereinfacht im
unteren Teil der Abb. 19 wiedergegeben ist. Die am Ende des
Schweißprozesses beim Verlöschen des Lichtbogens stattfindende
Strömung in Schweißrichtung (e), um den Endkrater mit Schweißgut
aufzufüllen, tritt auch bei geringfügigeren Schweißstromänderungen und Badbewegungen während des Schweißens auf (c und d). Diese
momentane Umkehrung der Strömungsrichtung ist im oberen Teil der
Abb. 19 an den sich durchdringenden Zonen des mit verschiedenen
Kontrastwerkstoffen markierten Schmelzbades zu erkennen.

Eine Untersuchung der Strömungen im Schmelzbad mit Hilfe der
Röntgen-Hochgeschwindigkeitsfotografie ist zur Zeit noch nicht
möglich. Als Grund- und Zusatzwerkstoff müßte ein leicht durchstrahlbares Metall wie z. B. Aluminium oder eine seiner Legierungen gewählt werden, so daß die Bewegungen von Kontrastwerkstoffen mit hoher Röntgenstrahlungsabsorption wie Eisen, Kupfer
oder Blei innerhalb des Schmelzbades einwandfrei verfolgt werden
können. Die Schweißpulver, die für die Unterpulverschweißung von
Aluminium und Aluminiumlegierungen entwickelt wurden, gestatten
jedoch keinen Ablauf des Schweißprozesses, der mit den Vorgängen
während der Unterpulverschweißung von Stahl vergleichbar wäre.
Die Pulverschütthöhe darf je nach Blechdicke 7 bis 12 mm nicht
überschreiten, die während des Schweißens entstehenden Dämpfe und
Gase reißen die dünne Pulverschicht auf, und es entsteht keine
geschlossene Schweißkaverne [17,20]. Die Begründung dieser Forderung liegt nach Bagryanskii und Mitarbeitern darin, daß die
aus Fluoriden und Chloriden aufgebauten Schweißpulver eine sehr
hohe elektrische Leitfähigkeit besitzen [2]. Eine zu große Pulverschütthöhe würde den Unterpulver-Schweißprozeß sofort in einen
Elektroschlackenschweißprozeß umschlagen lassen.

Daher wurden als Testversuche einige Schweißungen auf Aluminium
mit einem für die Stahlschweißung üblichen Schweißpulver durchgeführt, wobei sich eine sehr ausgeprägte Kaverne bildete. Mit
Hilfe der Röntgen-Hochgeschwindigkeitsfotografie gelang auch der
Nachweis von Kontrastwerkstoffbewegungen im Schmelzbad, die ein
Strömungsverhalten nach Abb. 23 zu unterstützen scheinen. Die
Versuchsreihe wurde aber nicht fortgesetzt, da die Schweißbedingungen zu praxisfern und die entstehenden Schweißraupen zu
ungleichmäßig und porenbehaftet waren.

2.4 Zeitliche Veränderungen der Einbrandtiefe aufgrund der Schmelzbadbewegungen

Die Einbrandtiefe hängt bei sämtlichen Lichtbogenschweißverfahren primär von der verwendeten Schweißstromstärke ab. Das flüssige Schmelzbad wird von Kräften, die proportional zum Quadrat der Stromstärke anwachsen, zurückgedrängt, so daß bei Verwendung von hohen Stromstärken der feste Grundwerkstoff freigelegt und tief aufgeschmolzen wird.

Da beim Unterpulverschweißen die Momentanwerte der Schweißstromstärke und die Position des Schmelzbades großen, nicht periodischen Schwankungen unterworfen sind, ist auch die Einbrandtiefe nicht konstant. Es genügt eine einzige Unregelmäßigkeit im Pulsieren des Schmelzbades, um die Einwirkzeit des Lichtbogens auf den festen Grundwerkstoff zu vervielfachen. Die Folge ist ein lokal begrenztes tieferes Aufschmelzen des Grundwerkstoffes, wie es in Abb. 25 dargestellt ist. In sämtlichen Röntgen-Hochgeschwindigkeitsfilmen, denen Schweißversuche mit Bedingungen nach Tafel 2 zugrunde liegen, konnte die Entstehung von Unregelmäßigkeiten in der Einbrandtiefe beobachtet werden, wenn das Schmelzbad für eine Zeit, die über 0,08 s lag, zurückgedrängt wurde und damit der feste Grundwerkstoff für eine ca. viermal längere Zeit als durchschnittlich der Einwirkung des Lichtbogens ausgesetzt war.

Im praktischen Einsatz des Unterpulver-Schweißverfahrens können Unregelmäßigkeiten der Einbrandtiefe während einer Schweißung zu ernsthaften Störungen des Prozeßablaufes führen, indem sie z. B. ein Durchfallen des Schmelzbades beim Schweißen einer Wurzellage auslösen. Kurzzeitige Störungen eines einzigen Vorganges können sich also trotz der thermischen Trägheit eines Unterpulver-Schweißbades entscheidend auf die Ausbildung der Schweißraupe auswirken.

3. Dynamisches Verhalten des Schlackenbades

Die einfachste und bisher kaum genutzte Methode, das Verhalten der Schweißkaverne zu untersuchen, ist die direkte Beobachtung der Schweißstelle (Abb. 26). Bei nicht zu großer Pulverschütthöhe können die heftigen Bewegungen der Kaverne unter der Pulverschicht schon mit bloßem Auge erkannt werden. Für eine systematische Auswertung wurden die Kavernenbewegungen mit Zeitdehneraufnahmen registriert, wobei eine Bildfrequenz von 64 s^{-1} ausreichte. Eine genaue Zuordnung der Momentanwerte von Schweißstrom und Schweißspannung zu den Einzelbildern wurde durch Einspiegeln des Oszillogrammes in die obere Bildhälfte erreicht.

Der Zusammenhang zwischen Kavernenbewegung und Schweißstromverlauf ist in Abb. 27 zu erkennen. In dem Oszillogramm des Schweißstromes sind die Zeitpunkte markiert, zu denen die Pulverabdeckung sich zu heben beginnt. Bei allen Schweißpulvern ist eine gemeinsame Tendenz zu erkennen: eine Vergrößerung der Schweißkaverne ist stets von einem Stromanstieg begleitet. Die Tatsache, daß nicht bei allen Stromanstiegen Bewegungen der Kaverne festgestellt wurden, kann folgende Ursache haben: es sind nur diejenigen Bewegungen sichtbar, die senkrecht zur Blechebene stattfinden und daher das abdeckende Pulver heben oder senken; Kavernenvergrößerungen in anderer Richtung lassen sich mit dieser Methode nicht nachweisen.

Mit Hilfe der Röntgen-Hochgeschwindigkeitsfotografie können die Bewegungen der Schweißkaverne noch wesentlich genauer als durch die Beobachtung der Pulverabdeckung erfaßt werden.

Bei Verwendung von Aluminium als Grundwerkstoff und Stahldraht als Zusatzwerkstoff kann auf röntgenografischem Wege nicht nur das Schmelzbad, sondern auch die Schweißkaverne in einer Ebene vollständig erfaßt werden. Das Volumen der Schweißkaverne kann nicht festgestellt werden, so daß in der ebenen Darstellung der Schweißstelle eine stellvertretende Größe gefunden werden muß. Die beste Annäherung ist die in Abb. 28 definierte Kavernenfläche; als weiteres repräsentatives Maß kann die in der gleichen Abbildung definierte Kavernenlänge angesehen werden. Anhand von stichprobenartigen Auswertungen der Röntgen-Hochgeschwindigkeitsfilme wurde festgestellt, daß die zeitlichen Veränderungen von Kavernenfläche und Kavernenlänge sehr gut übereinstimmten. In Anbetracht des großen zeitlichen Aufwandes, den das Ausplanimetrieren von mehreren 100 Kavernenflächen darstellt, wurde die Kavernenlänge zur Beschreibung des zeitlichen Verhaltens der Kavernengröße herangezogen.

In den Abb. 11 bis 18 sind unter anderem auch die Ergebnisse dieser Auswertungen wiedergegeben. Demnach stimmen nicht nur die Zeitpunkte des Beginnes einer Kavernenvergrößerung und eines Stromanstieges überein, sondern der gesamte zeitliche Verlauf von Kavernenlänge und Schweißstromstärke. Nur die sehr kurzzeitigen Änderungen der Schweißstromstärke rufen infolge der Trägheit der flüssigen Schlacke und des auf ihr lastenden Pulvers keine entsprechenden Kavernenbewegungen hervor.

4. Gesamtüberblick über die Vorgänge an der Unterpulver-Schweißstelle

Der zeitliche Verlauf der einzelnen Veränderlichen während des Unterpulver-Schweißprozesses wurde in den Abb. 11 bis 18 aufgezeigt. In allen Fällen können Zusammenhänge zwischen den Momentanwerten von Schweißstrom und Schweißspannung, der Kavernenlänge, dem Elektrodenabstand und dem Zeitpunkt der Tropfenablösung festgestellt werden.

Das Flußdiagramm in Abb. 29 stellt den Versuch dar, sämtliche bisher festgestellten Zusammenhänge in ein allgemeingültiges Schema einzuordnen. In diesem Diagramm sind nur die für den Ablauf des Unterpulver-Schweißprozesses wichtigsten Vorgänge aufgeführt, und unter ihnen sind auch nur die wichtigsten Verknüpfungen hergestellt. Schon diese vereinfachte Darstellung ist aber so komplex, daß die Möglichkeit, die Abhängigkeit zwischen den einzelnen Vorgängen rechnerisch oder versuchstechnisch zu erfassen, zur Zeit und für die nähere Zukunft ausgeschlossen werden muß.

Im oberen Teil des Flußdiagrammes wird zunächst der ideale Zustand eines stationär ablaufenden Schweißprozesses angenommen. Eine Beobachtung der einzelnen Vorgänge zeigt jedoch, daß schon nach kurzer Zeit ($t \leq 10$ ms) Störgrößen auftreten, welche die als konstant vorausgesetzten Schweißdaten und -bedingungen verfälschen (Abb. 11 bis 18). Die Schweißstelle wird daher trotz idealer anfänglicher Bedingungen keinen stationären Zustand erreichen, und sämtliche Größen, die vom Geschehen in der Schweißkaverne beeinflußt werden können, sind z. T. heftigen Schwankungen unterworfen.

Der Zyklus, der das zeitliche Verhalten der Schweißstromstärke bestimmt, wird im Diagramm durch eine größere Strichbreite hervorgehoben. Er besteht aus zwei Phasen:

1. Zunächst wächst die Lichtbogenstromstärke I_{LB} (und damit die gesamte Schweißstromstärke I_S), und es vergrößert sich die Schweißkaverne aufgrund der Entwicklung von Gasen und deren thermischer Ausdehnung.

2. Nach Erreichen einer maximalen Größe, die unter anderem durch die temperaturabhängige Grenzflächenspannung der flüssigen Schlacke gegenüber den angrenzenden Medien bestimmt wird, bricht die Kaverne zusammen, und die Lichtbogenstromstärke sinkt auf Kosten der Schlackenstromstärke. Durch den Stromdurchgang erhitzt sich die Schlacke in zunehmendem Maße, und ihre verdampfenden ionisierbaren Bestandteile erhöhen wieder die elektrische Leitfähigkeit der Lichtbogenstrecke, so daß von neuem die Phase 1 einsetzt.

Da einige Teilvorgänge verschiedene gleichzeitig wirkende Ursachen haben, kann der zeitliche Verlauf der Schweißstromstärke sehr unterschiedlich ausfallen, je nachdem, welche der Einflußgrößen zu einem bestimmten Zeitpunkt überwiegen. So entscheidet z. B. die Gewichtung der einzelnen Ursachen, die zur Vergrößerung und zum Aufplatzen der Kaverne beitragen, ob der Zyklus der Schweißstromschwankungen langsam (Abb. 17) oder schnell (Abb. 14) durchlaufen wird und ob der Schweißstrom sich stetig ändert (Abb. 13) oder in seinem Verlauf Diskontinuitäten aufweist (Abb. 11).

Die Zyklen der Schweißstromstärke, der Kavernenlänge und des Elektrodenabstandes können annähernd periodische Schwingungen sein. Da jedoch die Zahl der Einflußgrößen sehr hoch ist und außerdem noch einige bisher unberücksichtigt gebliebene Störgrößen hinzukommen, wie z. B. Strömungen im Schmelzbad, Bewegungen der Lichtbogenansatzpunkte und diskontinuierliche Erstarrung des Schmelzbades, bleibt solch eine Gleichmäßigkeit meist nur einige Zehntelsekunden erhalten.

Ein Vorgang, der in den Abb. 11 bis 18 wiedergegeben wird, der aber zu komplex ist, um im Flußdiagramm aufgeführt zu werden, ist die Veränderung des Abstandes Elektrode - Schmelzbad, also die Veränderung der Strecke, die zeitweise der Lichtbogenlänge entspricht, zwischenzeitlich aber keine wesentliche physikalische Bedeutung hat. Eine oberflächliche Betrachtung der Abb. 11 bis 18 führt zur Schlußfolgerung, daß die kurzzeitigen Veränderungen des Abstandes Elektrode - Schmelzbad im gleichen Sinn wie die Änderungen der Schweißstromstärke verlaufen. Da sich die Schweißstromstärke und die Schweißspannung aufgrund der statischen Kennlinie der verwendeten Energiequelle gegenläufig verändern, scheinen sich auch für die zeitlichen Verläufe der Spannung und des Abstandes der Elektrode gegenläufige Tendenzen zu ergeben. Die vom Schutzgasschweißen her bekannte Gesetzmäßigkeit, daß die Lichtbogenspannung direkt proportional zur Lichtbogenlänge ist [5], verliert beim Unterpulverschweißen jedoch nicht ihre Gültigkeit. Erst eine genauere Betrachtung der Strom-Spannungs-Oszillogramme (z. B. Abb. 11) zeigt, daß zwischen den Kurven des Elektrodenabstandes und der Schweißstromstärke eine zeitliche Verschiebung besteht, die besonders deutlich aus der Position der jeweiligen Maxima hervorgeht. Zu den Zeiten, in denen die Schweißstromstärke einen hohen Wert besitzt, sind die Veränderungen der Stromstärke und des Elektrodenabstandes gegenläufig und die Veränderungen von Elektrodenabstand und Schweißspannung gleichsinnig. Das entspricht den bekannten Gesetzmäßigkeiten, die bei offenen Lichtbogenschweißverfahren gelten. Ein Absinken der Schweißstromstärke erhöht den prozentualen Anteil des Schlackenstromes - bei Verlöschen des Lichtbogens auf 100 % der Gesamtstromstärke - so daß die Gesetze der Lichtbogenphysik in Bezug auf den Prozeßablauf an Bedeutung verlieren. In den Phasen geringer Schweißstromstärke kann daher auch bei geringem Abstand Elektrode - Schmelzbad eine hohe Schweißspannung (annähernd Leerlaufspannung) existieren. Diese Vorgänge können in den Abb. 11 und 18 wegen der deutlichen Spannungsschwankungen gut erkannt werden; in den anderen Versuchen sind die Spannungsänderungen während des Schweißens zu klein, um eine eindeutige Auswertung zu ermöglichen.

Anhand der Oszillogramme kann abgeschätzt werden, daß die Höhe des Schlackenstromes gegenüber der des gleichzeitig fließenden Lichtbogenstromes vernachlässigbar ist. Selbst zu den Zeitpunkten, wo der Lichtbogen erloschen ist und sich die Kaverne nach dem Aufplatzen vollständig mit Schlacke gefüllt hat und daher ein Minimum des Übergangswiderstandes zwischen Draht und Schlacke zu erwarten ist, erreicht der Schlackenstrom nur maximal 20 % der Höhe des gesamten mittleren Schweißstromes. Sobald der Lichtbogen wieder gezündet hat und die flüssige Schlacke zurückgedrängt ist, wird der Schlackenstrom wegen der abnehmenden Kontaktfläche Draht - Schlacke und der zunehmenden Leitfähigkeit der Lichtbogenstrecke auf noch niedrigere Werte sinken. Daher stimmen die Vorgänge wie Veränderung der Kavernengröße, Tropfenablösung, Schmelzbadbewegung und Änderung des Elektrodenabstandes, die durch Schwankungen der Lichtbogenstromstärke hervorgerufen werden, auch mit dem Verlauf des Gesamtstromes I_S überein (Abb. 11 bis 18). Die einzigen Fälle, für welche diese Begründung nicht so zwingend erscheint, traten bei Verwendung von extrem hoher Schweißspannung, sehr geringer Schweißgeschwindigkeit und bei Benutzung des sauren Pulvers auf. Der auffallend hohe Pulververbrauch bei Einhaltung der praxisfernen Spannungs- und Geschwindigkeitswerte und die offensichtliche bessere elektrische Leitfähigkeit des sauren Pulvers im Vergleich zu den anderen verwendeten Pulversorten schufen die Voraussetzungen für einen Schlackenstrom, der bei Aussetzen des Lichtbogens bis zu 45 % der mittleren Gesamtstromstärke I_S erreichte. Dajedoch auch in diesen Ausnahmefällen eine Übereinstimmung zwischen den Veränderungen der Gesamtstromstärke und den anderen beobachteten Variablen festzustellen ist, kann auch hier gefolgert werden, daß der Schlackenstrom während des Brennens des Lichtbogens auf kleine Werte absinkt, die keine Verfälschung der beobachteten Tendenzen ergeben.

Die Bedeutung der Schlackenstromstärke liegt daher weniger in ihrem direkten Einfluß auf das Schweißergebnis, wie von Duchno, Franz und Wittke [6], Franz, Hanke und Behrendt [10] und Wolff und de Haeck [37] vermutet wird, als in ihrer Eigenschaft, die stärksten Schwankungen im Lichtbogenstrom zu dämpfen und nach einem eventuellen Abreißen des Lichtbogens eine Neuzündung einzuleiten. Während dieses Zündvorganges ändert sich der elektrische Widerstand zwischen Draht und Grundwerkstoff in weit geringerem Maße als bei kurzzeitiger Existenz einer metallischen Kurzschlußbrücke, und der Schweißstrom weist beim Neuzünden keine Zündspitze auf, wie es beim erstmaligen Zünden durch Kurzschluß der Fall ist. Diese Begrenzung des Schweißstromes durch die Zündhilfe des Schlackenstromes wirkt sich günstig auf die Stabilität des Unterpulver-Schweißprozesses aus.

5. Literaturverzeichnis

[1] Adrichem van, Th.J., Metal Transfer, IIW-Doc. 212-171-69.
[2] Bagryanskii, K.V., Korneev, A.D., Zusin, V.Ya., Bukhalova, G.A., Maltsev, V.T. und E.S. Yagubyan, Investigation of the Electrical Conductivity of some Fluxes for the Arc Welding of Aluminium, Weld. Prod. 1969, H. 4, S. 15/19.
[3] Bradstreet, B.J., Effect of Surface Tension and Metal Flow on Weld Bead Formation, Wdg. J. Res. Suppl. 1968, H. 7, S. 314-s/322-s.
[4] Christensen, N., de L. Davies, V. und K. Gjermundsen, Distribution of Temperatures in Arc Welding, Brit. Weld. J. 1965, H. 2, S. 54/75.
[5] Conn, W.M., Die technische Physik der Lichtbogenschweißung, Springer Verl., Berlin-Göttingen-Heidelberg, 1959.
[6] Duchno, W.M., Franz, U. und K. Wittke, Einfluß der Schweißgeschwindigkeit auf die Abschmelzleistung beim UP-Schweißen, Schweißtechnik (Berlin) 16 (1966), H. 11, S. 501/504.
[7] Eichhorn, F. und U. Dilthey, Röntgen-Hochgeschwindigkeitsfotografie von Lichtbogenbewegung und Werkstoffübergang beim Unterpulverschweißen, VDI-Z. 113 (1971), H. 1, S. 33/38.
[8] Franz, U., Vorgänge in der Kaverne beim UP-Schweißen, Teil I, Schweißtechnik (Berlin) 15 (1965), H. 4, S. 145/150.
[9] Franz, U., Vorgänge in der Kaverne beim UP-Schweißen, Teil II, Schweißtechnik (Berlin) 16 (1966), H. 9, S. 400/404.
[10] Franz, U., Hanke, H. und K.-P. Behrendt, Beitrag zur Leistungssteigerung beim UP-Schweißen, Schweißtechnik (Berlin) 18 (1968), H. 8, S. 341/344.
[11] Franz, U. und J. Jain, Werkstoffübergang beim UP-Paralleldrahtschweißen, Schweißtechnik (Berlin) 19 (1969), H. 4, S. 149/153.
[12] Ghanem, H.M., Untersuchungen zum maschinellen WIG-Schweißen von Aluminium mit unlegiertem Baustahl für Punkt- und Nahtverbindungen, Diss. TH Aachen, 1968.
[13] Höhn, W., Physikalisch-chemische Messungen an Schweißschlacken, Techn.-wiss. Abhandlung Nr. 17 des ZIS, Halle (Saale), 1960.
[14] Hummitzsch, W., Hense, C. und H. Zollenkopf, Untersuchung über die Reaktionen zwischen Schlacken und Drähten bei den Lichtbogenschweißprozessen, Fachbuchreihe "Schweißtechnik", Bd. 27, Deutscher Verlag f. Schweißtechnik, Düsseldorf, 1962.
[15] Ishizaki, K., Interfacial Tension Theory of the Phenomena of Arc Welding - Mechanism of Penetration, Symp. Phys. of the Welding Arc, London, 1962.
[16] Ishizaki, K., Murai, K. und Y. Kanbe, Penetration in Arc Welding and Convection in Molten Pool, IIW-Doc. 212-77-66.
[17] Killing, R. und M. Puschner, Vollmechanisiertes Schweißen großer Querschnitte aus Aluminium und Aluminiumlegierungen, Schw. Schn. 23 (1971), H. 6, S. 223/227.
[18] Lorenz, W., Zur Physik der Lichtbogenschweißung, Schweißtechnik (Berlin) 2 (1952), H. 5, S. 130/135.
[19] Maecker, H., Plasmaströmungen im Lichtbogen infolge eigenmagnetischer Kompression, Z. f. Phys. 141 (1955), S. 198/216.
[20] Maushake, W., UP-Aluminiumschweißung, ZIS-Mitt. 1965, H. 6, S. 826/837.
[21] Mori, N. und Y. Horii, Molten Pool Phenomena in Submerged Arc Welding, IIW-Doc. 212-188-70.
[22] N.N., Ellira-Handbuch, Linde Aktienges., München, 3. Aufl.
[23] N.N., Feinkornbaustähle und ihre Schweißzusatzwerkstoffe, Westfälische Union AG, Hamm, 1968.
[24] Paton, E.O., Automatische Lichtbogenschweißung, VEB Carl Marhold Verlag, Halle (Saale), 1958.
[25] Rabkin, D.M., Temperature Distribution through the Weld Pool in the Automatic Welding of Aluminium, Brit. Weld. J. 1959, H. 3, S. 132/137.
[26] Richter, E., Beziehungen zum rechnerischen Bestimmen der Abschmelzleistungen beim UP-Schweißen mit Draht- und Bandelektroden, ZIS-Mitt. 1968, H. 6, S. 900/910.

[27] Richter, E., Rechnerische Verfahren zum Bestimmen von Schweißparametern für das UP-Schweißen, Teil I: Einbrandschweißung, ZIS-Mitt. 1968, H. 12, S. 1972/1989, Teil II: Füllschweißung, ZIS-Mitt. 1969, H. 5, S. 683/690.
[28] Rykalin, N.N. und A.I. Beketov, Calculating the Thermal Cycle in the Heat Affected Zone from the Two Dimensional Outline of the Molten Pool, Weld. Prod. 1967, H. 9, S. 42/47.
[29] Sack, J., Philips' Techn. Rdsch. 4 (1939) 18.
[30] Schatz, W., Die Unterpulver-Schweißung, Oerlikon Elektrodenfabrik Eisenberg GmbH, 1962.
[31] Schmidt, V., Beiträge zur Kenntnis der Vorgänge beim Unterpulverschweißen, Diss. TU Clausthal, 1970.
[32] Tannheim, H., Die physikalisch-chemischen Grundlagen des Ellira-Verfahrens, Elektroschweißung 13 (1942), H. 2, S. 17/24.
[33] Terai, K., Yamada, S., Suzawa, R., Okada, H. und Y. Nagai, Multi-Electrode One Side Automatic Submerged Arc Welding, IIW-Doc. XII-457-68.
[34] Theis, E. und H.H. Behrenbeck, Untersuchung über zweckmäßige Draht- und Pulverkombinationen beim UP-Schweißen, Fachbuchr. "Schweißtechnik" Bd. 40, Deutscher Verlag f. Schweißtechnik, Düsseldorf, 1964.
[35] Tybus, G., Farbige Zeitlupenaufnahmen zur Beobachtung des Schweißbades beim UP-Schweißen, Schweißtechnik (Berlin) 7 (1957), H. 3, S. 68/71.
[36] Wirtz, H., Grundlagen der Drahtelektroden- und Schweißpulverauswahl beim Unter-Pulver-Schweißen, Blech 16 (1969), H. 12, S. 705/716.
[37] Wolff, L. und R. de Haeck, Leistungssteigerung beim mechanisierten Lichtbogenschweißen, Schw. Schn. 21 (1969), H. 8, S. 322/329.
[38] Woods, R.A. und D.R. Milner, Motion in the Weld Pool in Arc Welding, Wdg. J. Res. Suppl. 1971, H. 4, S. 163-s/173-s.

6. Tafeln und Abbildungen

Tafel 1: Schweißbedingungen für die röntgenografischen Untersuchungen der Kavernenbewegungen

Versuch-Nr.	Schweißstromstärke A (Stromdichte) (A/mm^2)	Schweißspannung V	Schweißgeschwindigkeit cm/min	Schweißpulver Chemischer Charakter	Schweißpulver Kennziffer n.DIN 8557
1 - 3	170 (85) 220 (110) 260 (130)	34	25	neutral	11 ay 485
4 , 5	220 (110)	26 42	25	neutral	11 ay 485
6 , 7	220 (110)	34	20 35	neutral	11 ay 485
8 - 10	220 (110)	34	25	sauer basisch hochbasisch	17 ay 596 10 ay 495 10 bx 475

KA = 15 mm; Pulverschütthöhe = 25 mm;
Elektrode: CO_2-Schweißdraht, 1,6 mm ∅;
Grundwerkstoff: St 52-3, Vierkant 20 mm mit Bohrung
    für Kühlwasser
Energiequelle: Gleichrichter mit Konstantspannungskennlinie
Polung: Elektrode positiv

Tafel 2: Schweißbedingungen für die röntgenografische Untersuchung der Schmelzbadbewegungen und der Kavernenabmessungen

Versuch-Nr.	Schweißstromstärke (Stromdichte) A ($\frac{A}{mm^2}$)	Schweißspannung V	Schweißgeschwindigkeit cm/min	Kontaktabstand mm	Neigung der stat. Kennlinie der Energiequelle V/100 A
1 - 3	190 (95)	45 35 30	20	20	1
4	225 (112)	35	20	20	1
5 , 6	190 (95)	35	40 10	20	1
7	190 (95)	35	20	60	1
8	190 (95)	35	20	20	3

KA = 15 mm; Pulverschütthöhe = 25 mm;

Elektrode: Niedriglegierter Stahldraht für CO_2-Schweißungen, Ø = 1,6 mm

Grundwerkstoff: AlMgSi 0,5, Vierkant 20 mm mit Bohrung für Kühlwasser

Schweißpulver: Basisches Pulver zum Schweißen von Stahl, 10 ay 495 n. DIN 8557

Energiequelle: Gleichrichter mit Konstantspannungs- bzw. flach fallender Kennlinie

Polung: Elektrode positiv

Abbildungen

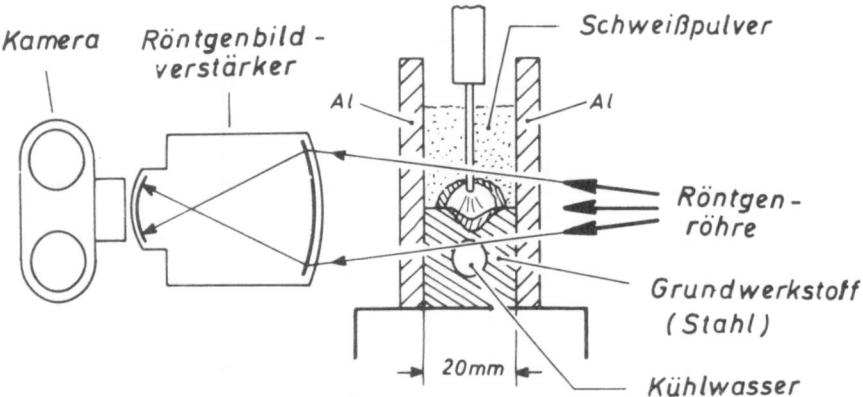

Abb. 1: Versuchsaufbau für Röntgen-Hochgeschwindigkeitsaufnahmen des Unterpulver-Schweißprozesses

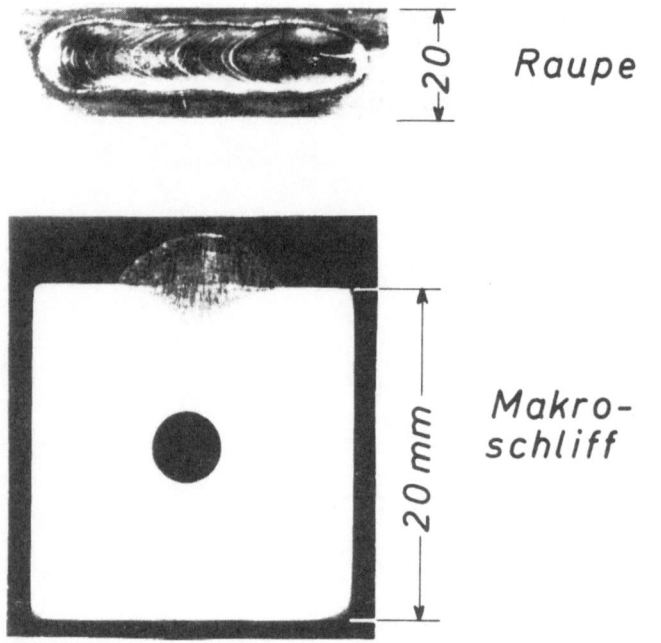

Abb. 2: Schweißergebnis bei Durchführung der röntgenografischen Untersuchungen

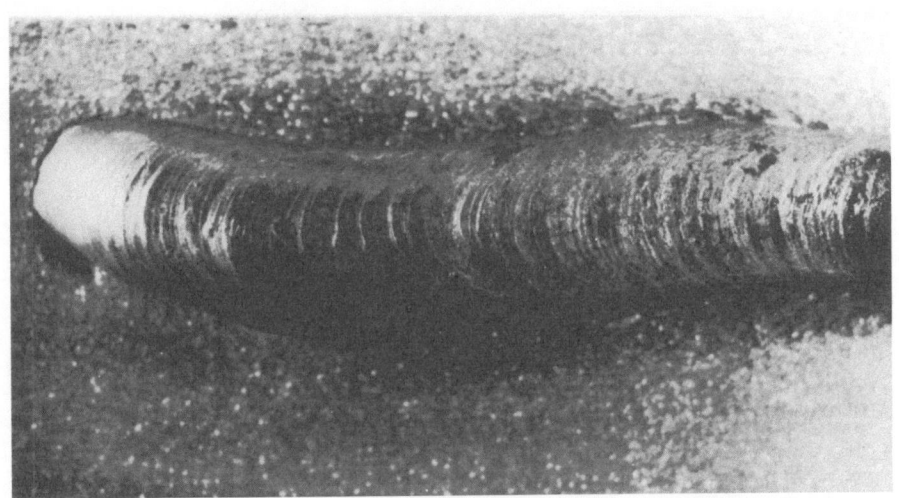

Abb. 3: Schweißergebnis beim Abschmelzen von Stahldraht auf Aluminium als Grundwerkstoff

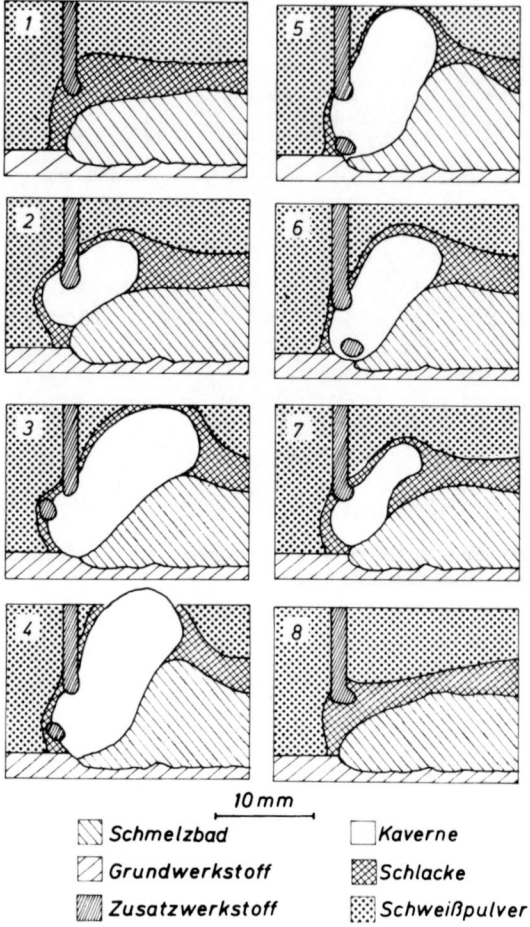

Abb. 4: Bewegungen des Schmelzbades während des Unterpulver-Schweißprozesses. Bildserie aus einem Röntgen-Hochgeschwindigkeitsfilm, zeitlicher Abstand zwischen den Einzelbildern = 0,01 s

I_s = 190 A; U_s = 43 V; v_s = 20 cm/min

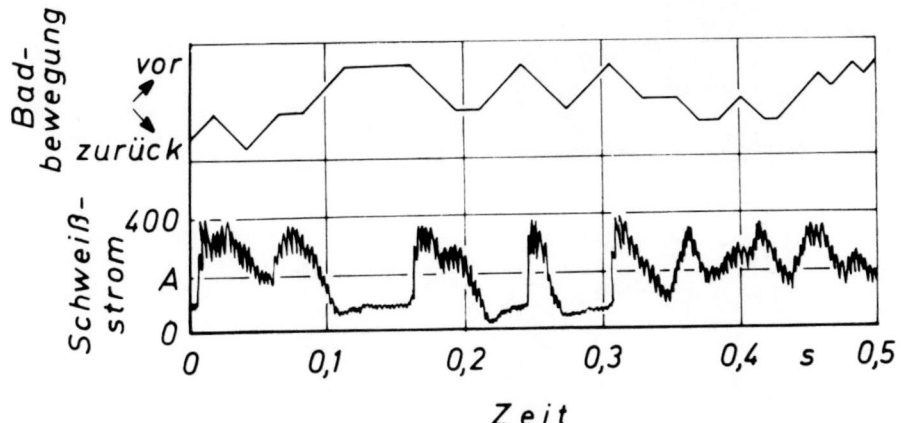

Abb. 5: Zeitlicher Verlauf der Schmelzbadbewegungen
$I_s = 190$ A; $U_s = 43$ V; $v_s = 20$ cm/min

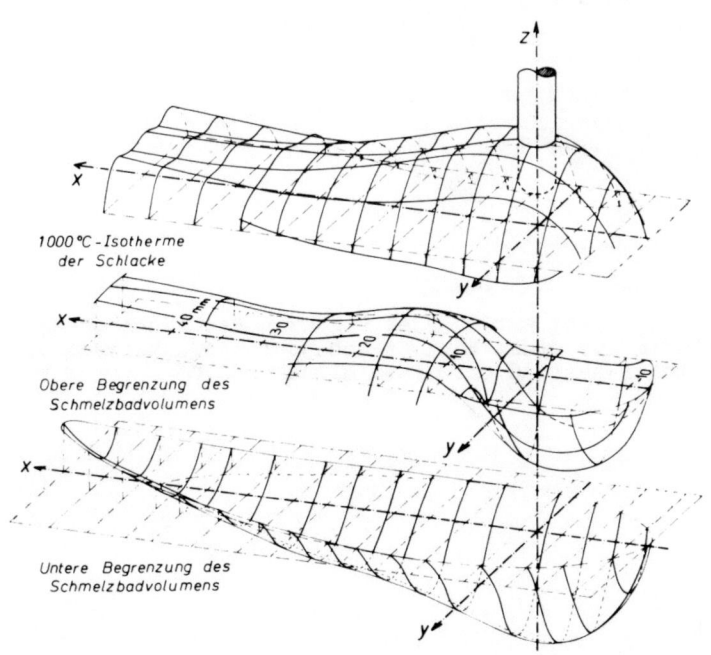

Abb. 6: Räumliche Darstellung von metallischem Schmelzbad, flüssiger Schlacke und Schweißdraht während des Schweißvorganges (Dimetrische Perspektive)
$I_s = 700$ A; $U_s = 30$ V; $v_s = 30$ cm/min
Elektrode: S 2,4 mm Ø

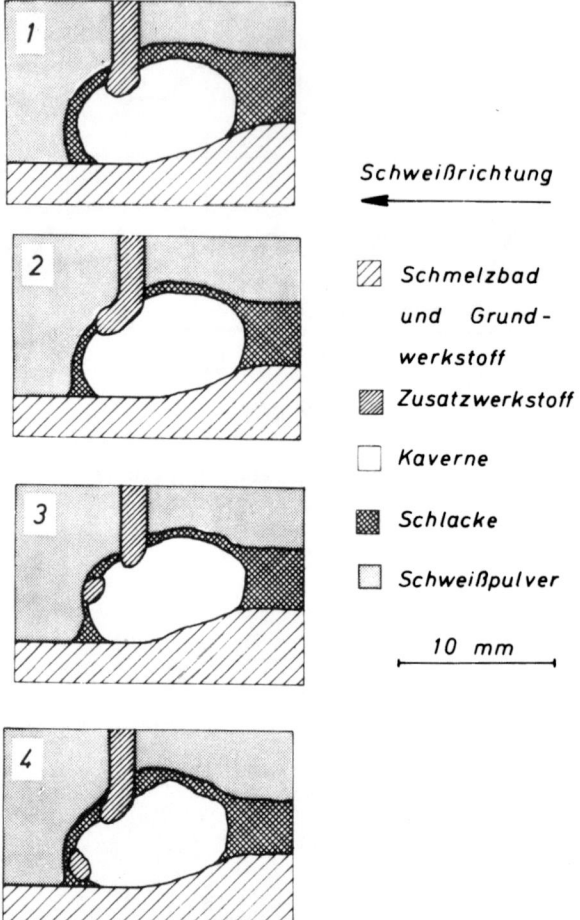

Abb. 7: Tropfenübergang entlang der vorderen Kavernenbegrenzung. Bildserie aus einem Röntgen-Hochgeschwindigkeitsfilm, zeitlicher Abstand der Einzelbilder = 0,01 s

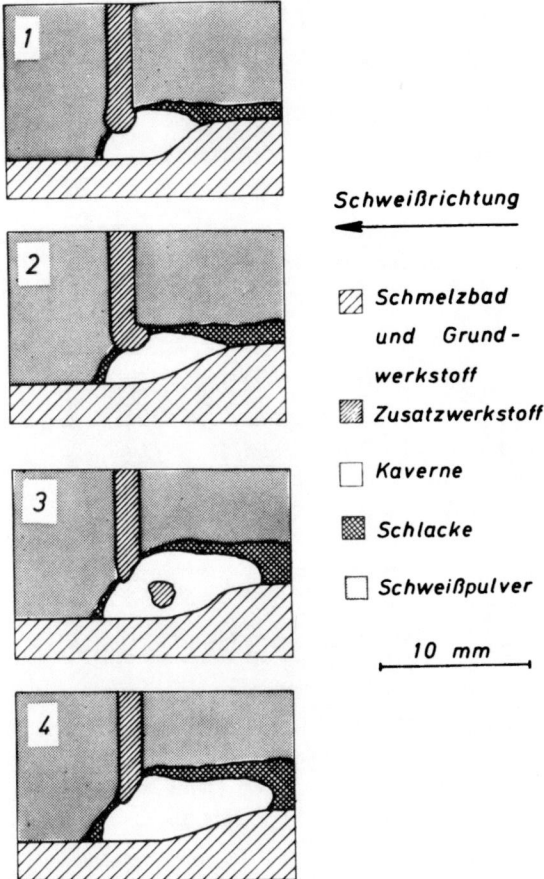

Abb. 8: Tropfenübergang mitten durch die Schweißkaverne
Bildserie aus einem Röntgen-Hochgeschwindigkeitsfilm, zeitlicher Abstand der Einzelbilder = 0,004 s

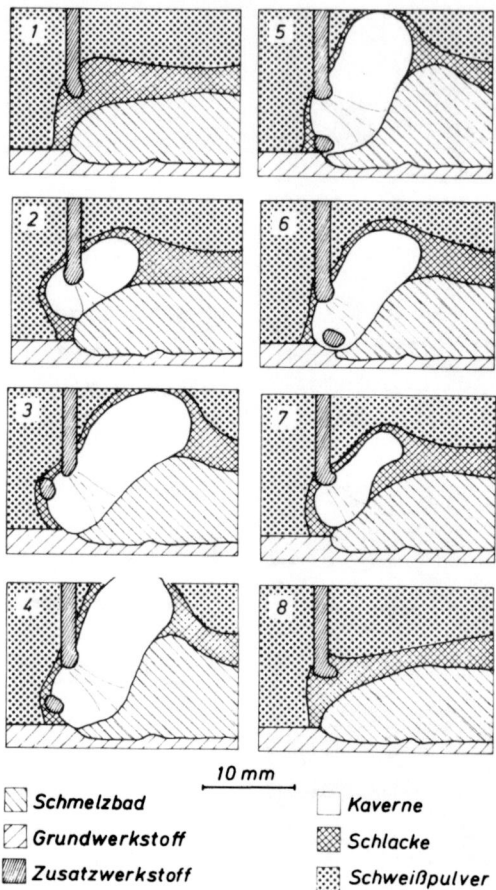

Abb. 9: "Lichtbogenlänge" in Abhängigkeit von den Schmelzbadbewegungen. Bildserie aus einem Röntgen-Hochgeschwindigkeitsfilm, zeitlicher Abstand der Einzelbilder = 0,01 s

I_s = 190 A; U_s = 43 V; v_s = 20 cm/min

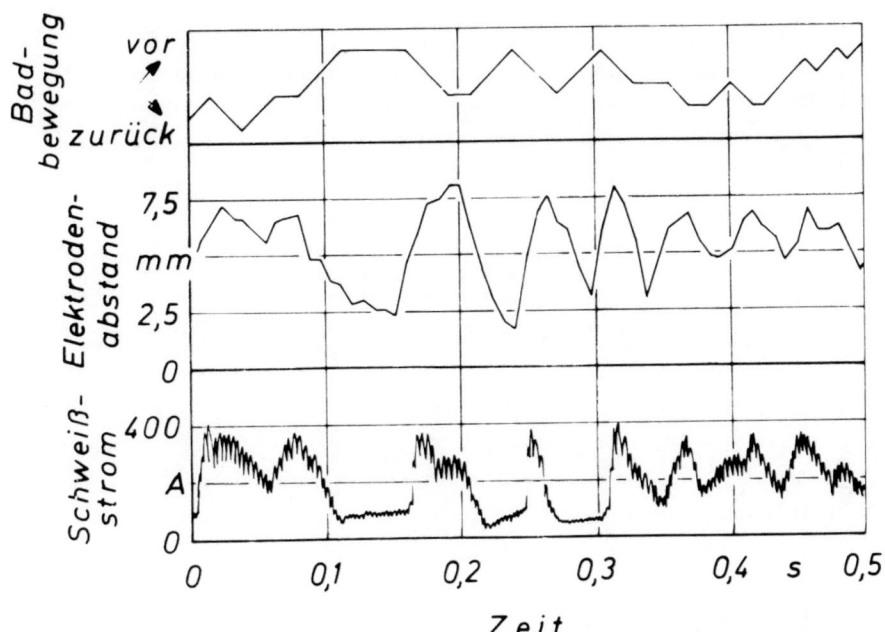

Abb. 10: Zeitlicher Verlauf der Schmelzbadbewegungen, des Elektrodenabstandes und der Schweißstromstärke

I_s = 190 A; U_s = 43 V; v_s = 20 cm/min

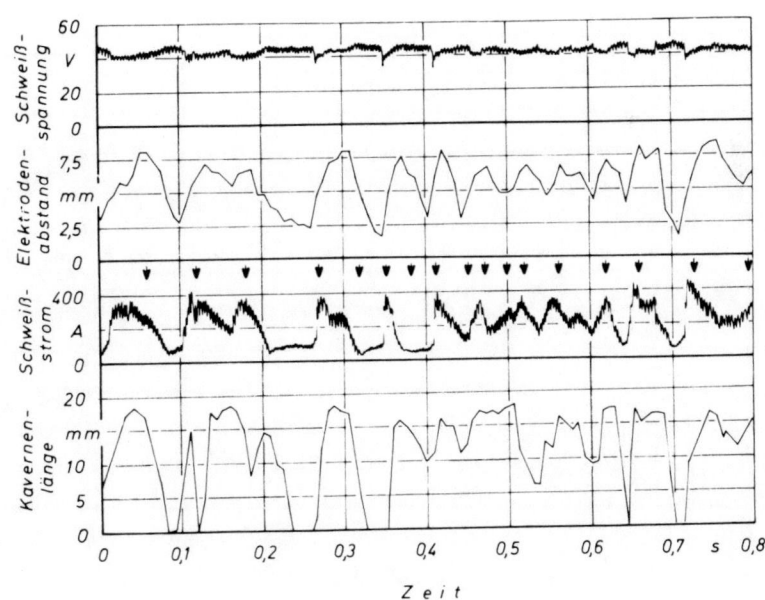

▼ Tropfenablösung

Abb. 11: Zeitlicher Verlauf von Elektordenabstand, Kavernenlänge, Schweißstromstärke und Schweißspannung

I_s = 190 A; U_s = 43 V; v_s = 20 cm/min; KA = 20 mm

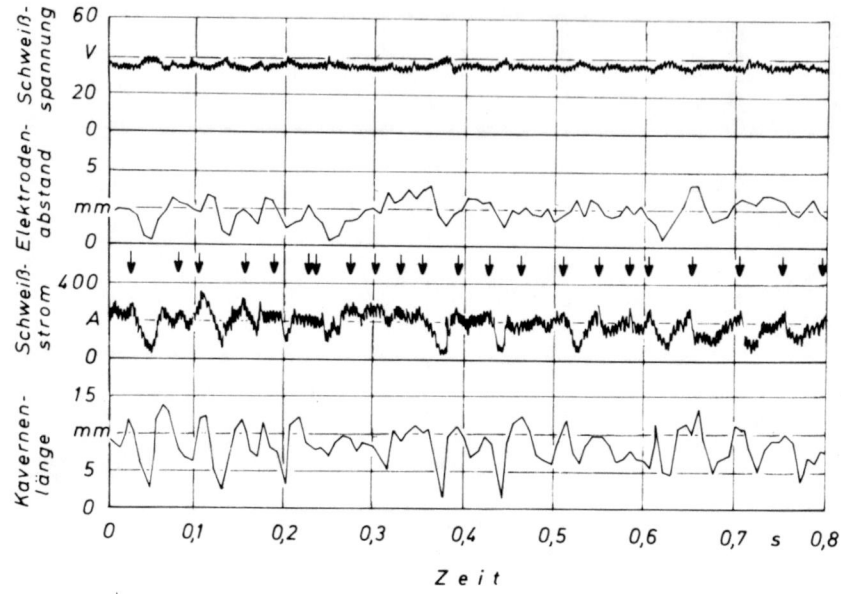

↓ Tropfenablösung

Abb. 12: Zeitlicher Verlauf von Elektrodenabstand, Kavernenlänge, Schweißstromstärke und Schweißspannung

I_S = 190 A; U_S = 35 V; v_S = 20 cm/min; KA = 20 mm

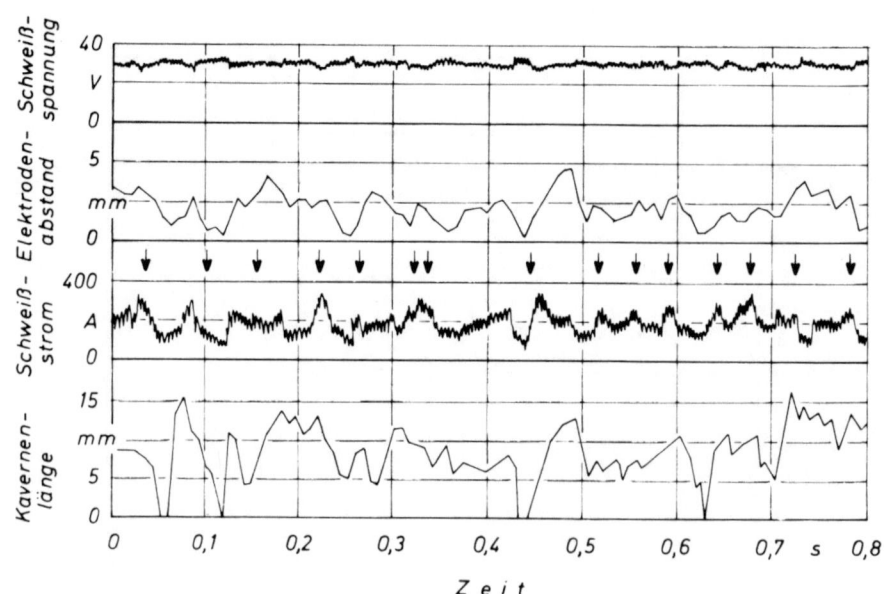

↓ Tropfenablösung

Abb. 13: Zeitlicher Verlauf von Elektrodenabstand, Kavernenlänge, Schweißstromstärke und Schweißspannung

I_S = 190 A; U_S = 30 V; v_S = 20 cm/min; KA = 20 mm

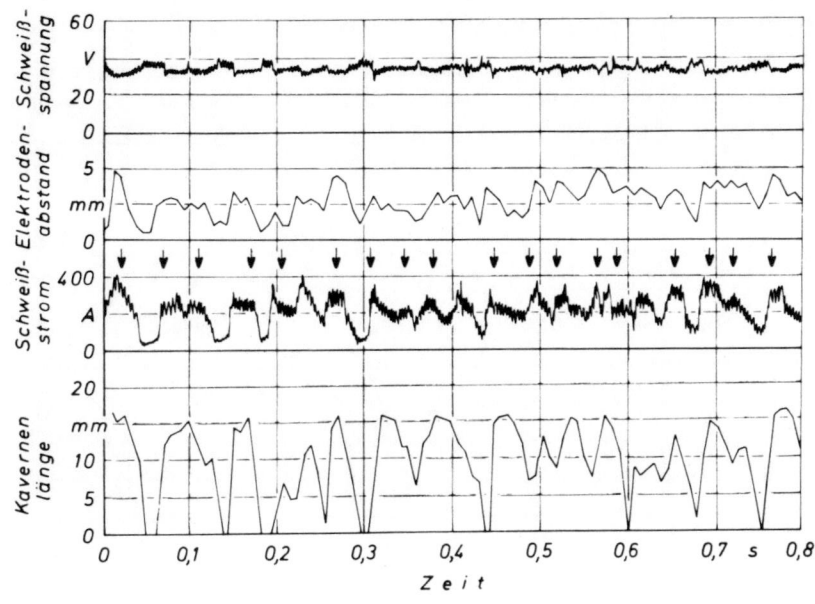

↓ Tropfenablösung

Abb. 14: Zeitlicher Verlauf von Elektrodenabstand, Kavernenlänge, Schweißstromstärke und Schweißspannung

I_s = 225 A; U_s = 35 V; v_s = 20 cm/min; KA = 20 mm

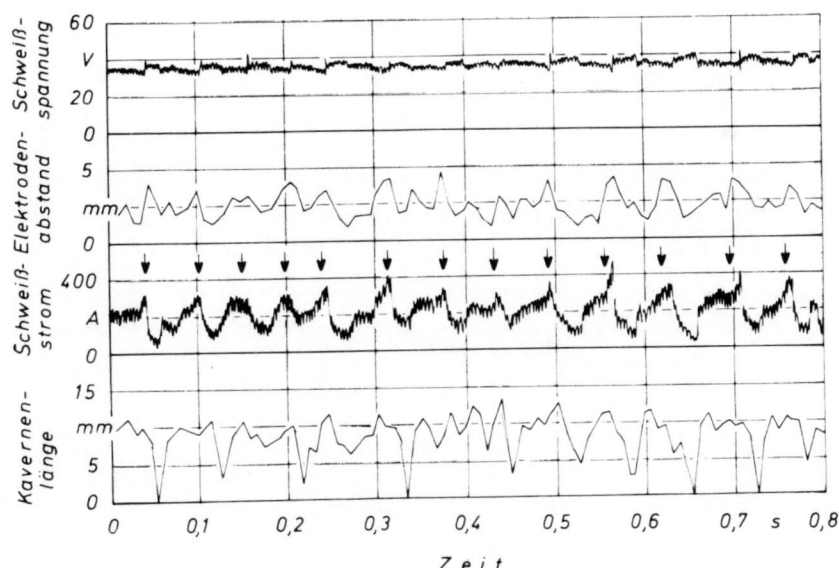

↓ Tropfenablösung

Abb. 15: Zeitlicher Verlauf von Elektrodenabstand, Kavernenlänge, Schweißstromstärke und Schweißspannung

I_s = 190 A; U_s = 35 V; v_s = 40 cm/min; KA = 20 mm

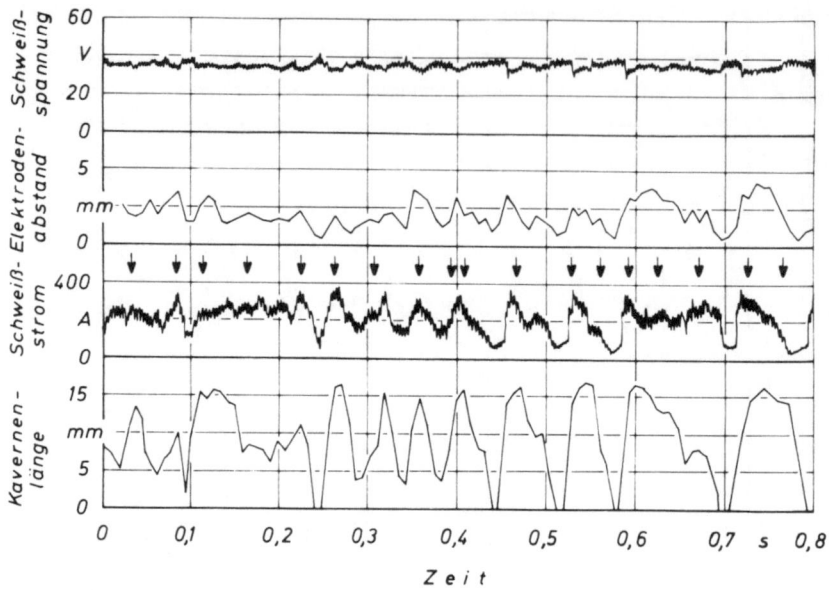

↓ Tropfenablösung

Abb. 16: Zeitlicher Verlauf von Elektrodenabstand, Kavernenlänge, Schweißstromstärke und Schweißspannung

I_s = 190 A; U_s = 35 V; v_s = 10 cm/min; KA = 20 mm

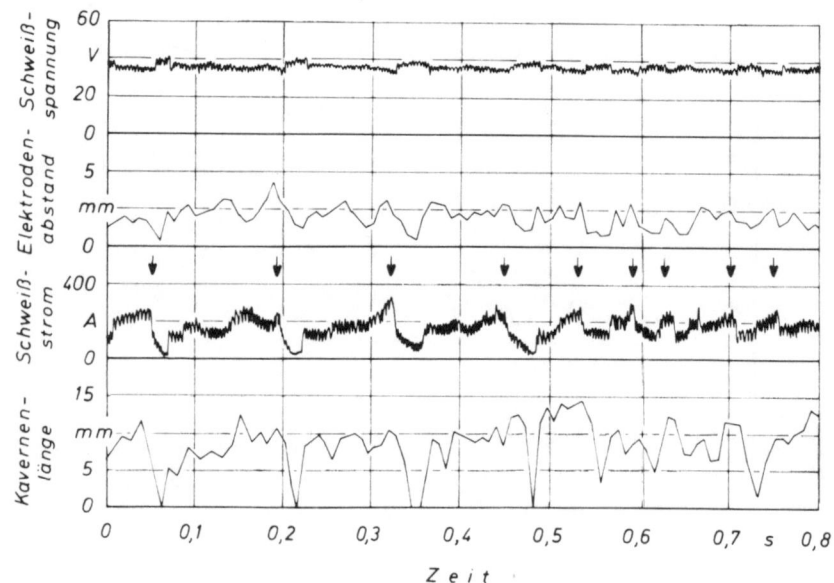

↓ Tropfenablösung

Abb. 17: Zeitlicher Verlauf von Elektrodenabstand, Kavernenlänge, Schweißstromstärke und Schweißspannung

I_s = 190 A; U_s = 35 V; v_s = 20 cm/min; KA = 60 mm

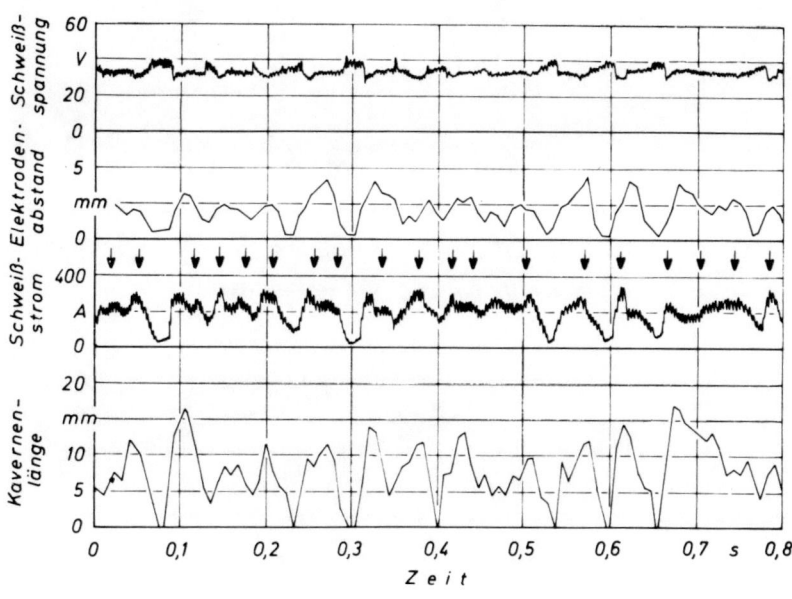

↓ Tropfenablösung

Abb. 18: Zeitlicher Verlauf von Elektrodenabstand, Kavernenlänge, Schweißstromstärke und Schweißspannung

I_s = 190 A; U_s = 35 V; v_s = 20 cm/min; KA = 20 mm
Kennlinienneigung der Energiequelle = 3 V/100 A statt wie bisher 1 V/100 A

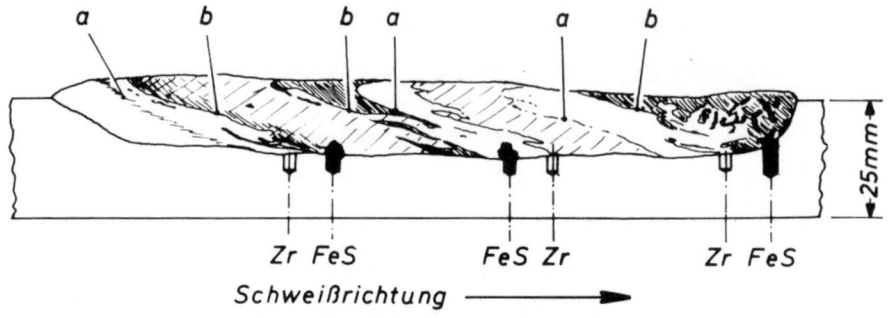

Abb. 19: Nachweis der Strömungen im Schmelzbad anhand des Verbleibes von Kontrastwerkstoffen in einem Längsschliff einer Schweißraupe

  a: mit Zirkon angereicherte Erstarrungsfront
  b: mit FeS angereicherte Erstarrungsfront
  c-e: schematische Darstellungen des Strömungsverlaufes

I_s = 700 A; U_s = 29 V; v_s = 20 cm/min;
Elektrode S 2, 4 mm Ø; sonst. Beding. s. Tafel 1

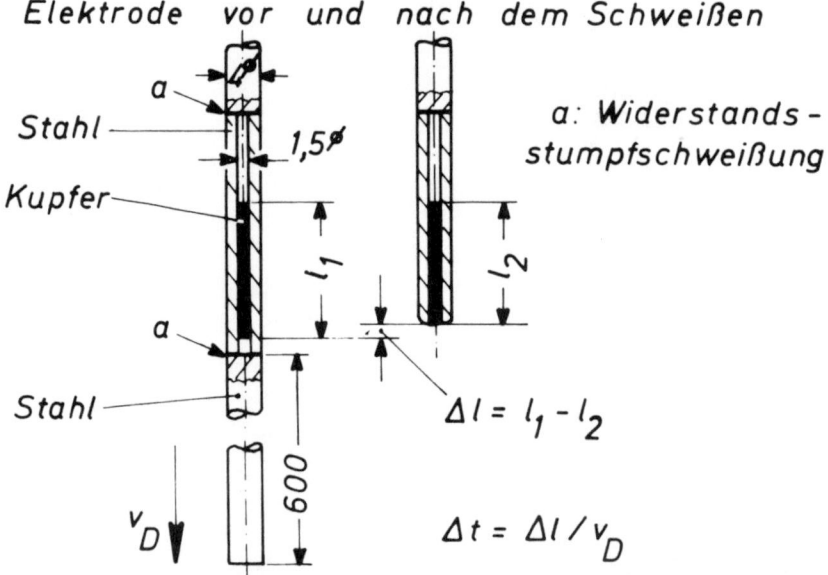

Abb. 20: Elektrode mit eingebettetem Kupferdraht als Kontrastwerkstoff für die Untersuchungen der Strömungen im Schmelzbad

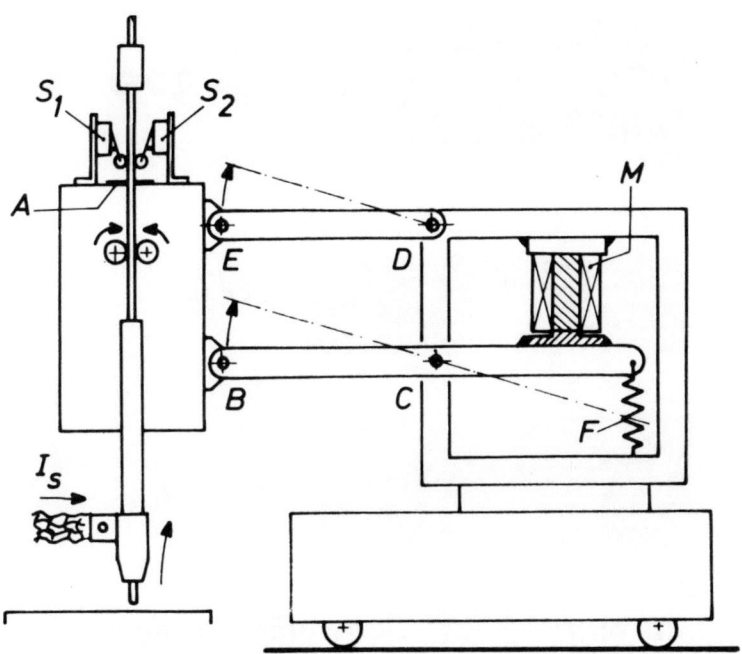

Abb. 21: Vorrichtung zum Heben des Schweißkopfes
    A: Anschlag   B,C,D,E: Drehpunkte
    F: Zugfeder   M: Elektromagnet
    S_1, S_2: Schalter

$\Delta t = 0{,}04$ s

$\Delta t = 0{,}11$ s

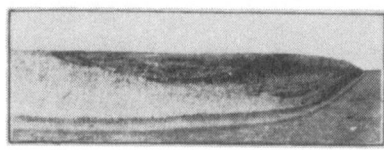
$\Delta t = 0{,}16$ s

20 mm   Schweißrichtung →

Abb. 22: Verteilung des Kontrastwerkstoffes im Schmelzbad nach verschiedenen Zeiten

I_s = 740 A; U_s = 32 V; v_s = 30 cm/min
Elektrode: 4 mm ∅ (s. Abb. 20);
sonstige Bedingungen s. Tafel 1

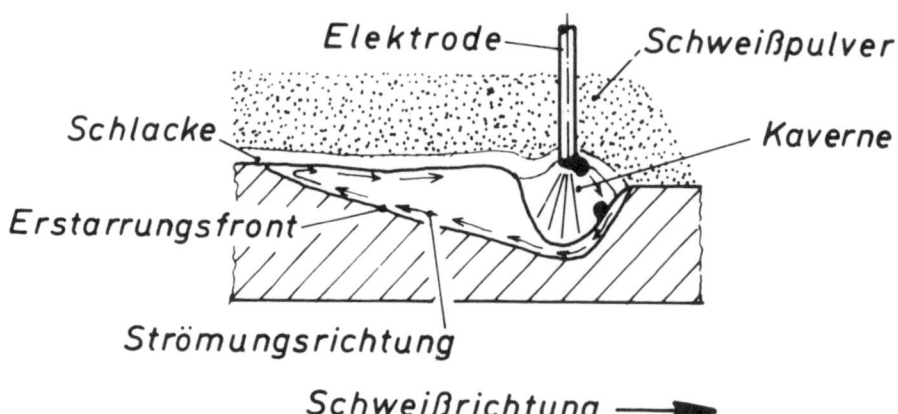

Abb. 23: Verlauf der Hauptströmung im metallischen Schmelzbad

I_s = 740 A; U_s = 32 V; v_s = 30 cm/min
Elektrode: 4 mm ∅ (s. Abb. 20);
sonstige Bedingungen s. Tafel 1

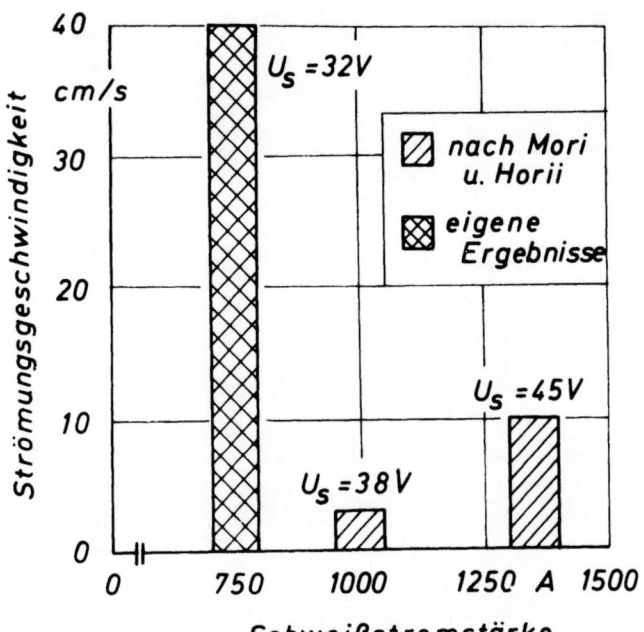

Abb. 24: Strömungsgeschwindigkeit im metallischen Schmelzbad nach Mori und Horii [51] und eigenen Versuchen

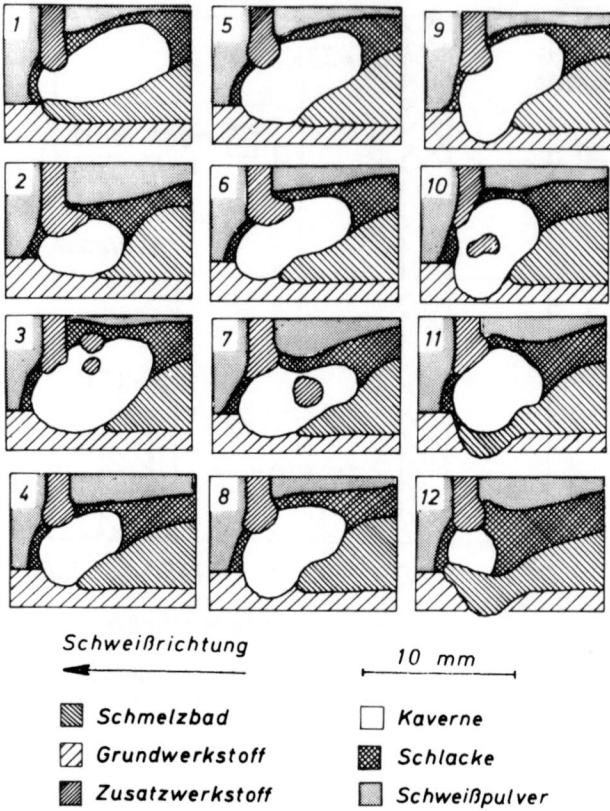

Abb. 25: Entstehung von Ungleichmäßigkeiten in der Einbrandtiefe
Bildserie aus einem Röntgen-Hochgeschwindigkeitsfilm, zeitlicher Abstand zwischen den Bildern = 0,016 s

I_s = 225 A; U_s = 35 V; v_s = 20 cm/min

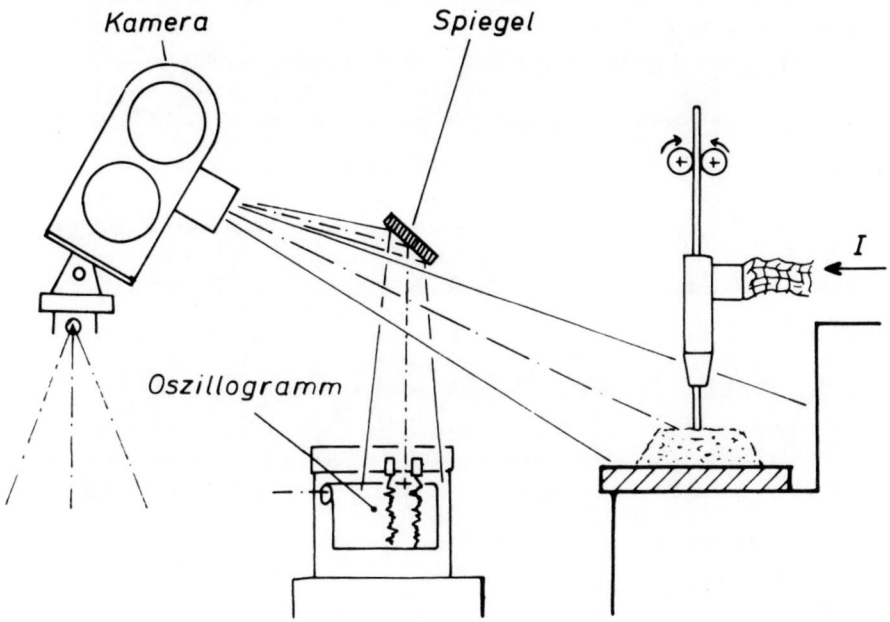

Abb. 26: Versuchsaufbau für die direkte Beobachtung der Schweißstelle

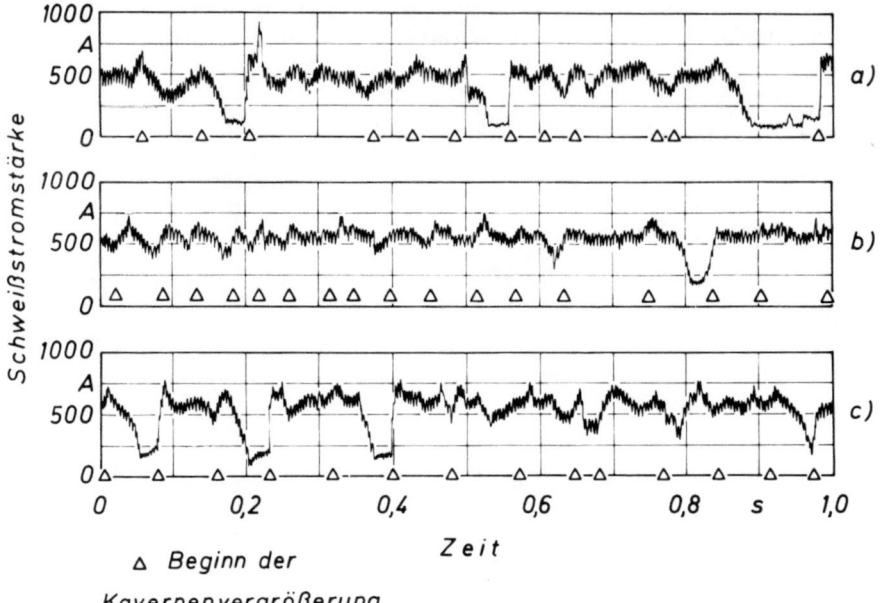

△ Beginn der Kavernenvergrößerung

Abb. 27: Schweißstromstärke und Kavernenbewegung bei Verwendung unterschiedlicher Schweißpulver

    a: saures Pulver   (17 ay 596 n. DIN 8557)
    b: neutrales Pulver (11 ay 485   "   )
    c: basisches Pulver (10 ay 495   "   )

I_s = 500 A; U_s = 37 V; v_s = 15 cm/min
Elektrode: S 2,4 mm Ø; sonst. Beding. s. Tafel 1

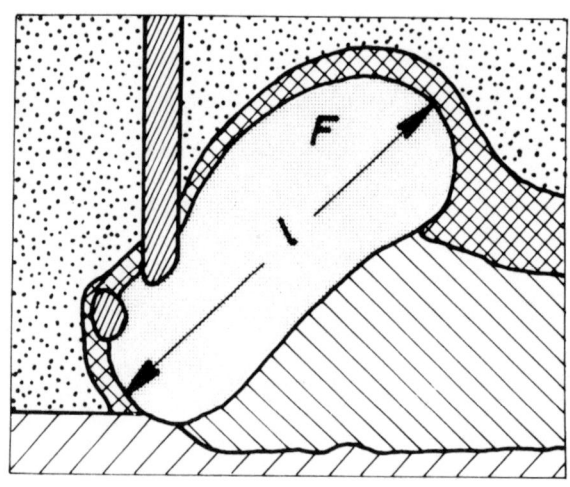

 Kavernenfläche F

Abb. 28: Definition von zwei Meßgrößen der Schweißkaverne: Kavernenlänge l und Kavernenfläche F

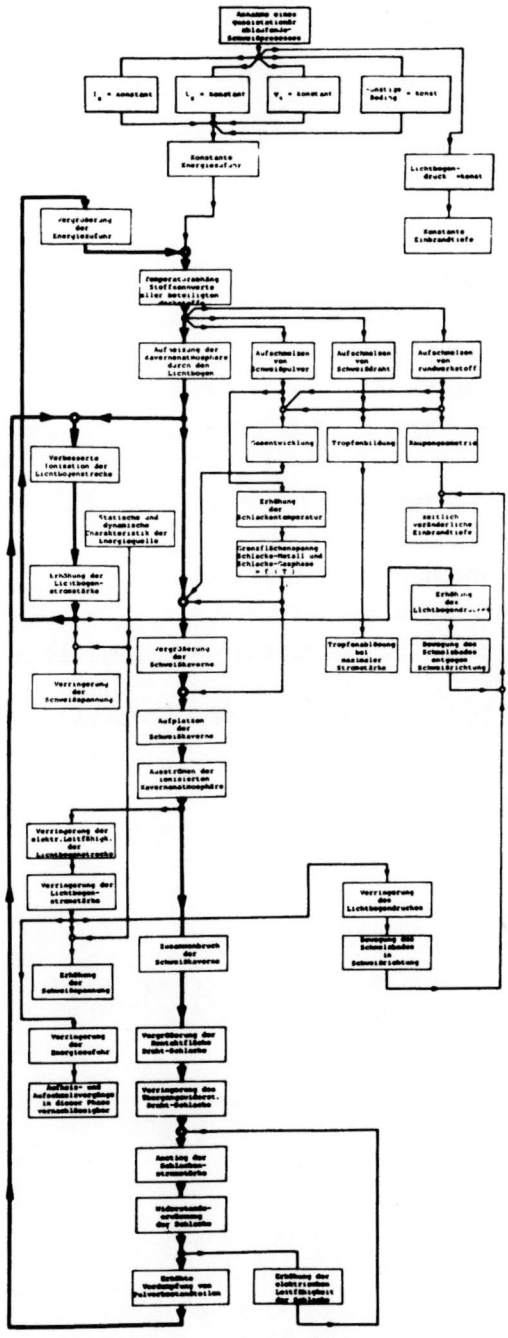

Abb. 29: Flußdiagramm für die Vorgänge an der Unterpulver-Schweißstelle

7. Begriffe und Abkürzungen

F	Kavernenfläche	cm^2
I_{LB}	Lichtbogenstromstärke	A
I_s	Schweißstromstärke	A
I_{SchL}	Schlackenstromstärke	A
KA	Kontaktabstand	mm
l	Kavernenlänge	mm
t	Zeit	s
U_{LB}	Lichtbogenspannung	V
U_s	Schweißspannung	V
v_D	Drahtvorschubgeschwindigkeit	mm/s
V_s	Schweißgeschwindigkeit	cm/min
Δl	Länge des abgeschmolzenen Kontrastwerkstoffes	mm
Δt	Zeit für die Verteilung des Kontrastwerkstoffes	s

Forschungsberichte des Landes Nordrhein-Westfalen

Herausgegeben im Auftrage des Ministerpräsidenten Heinz Kühn
vom Minister für Wissenschaft und Forschung Johannes Rau

Sachgruppenverzeichnis

Acetylen · Schweißtechnik
Acetylene · Welding gracitice
Acétylène · Technique du soudage
Acetileno · Técnica de la soldadura
Апетилен и техника сварки

Arbeitswissenschaft
Labor science
Science du travail
Trabajo científico
Вопросы трудового процесса

Bau · Steine · Erden
Constructure · Construction material ·
Soilresearch
Construction · Matériaux de construction ·
Recherche souterraine
La construcción · Materiales de construcción ·
Reconocimiento del suelo
Строительство и строительные материалы

Bergbau
Mining
Exploitation des mines
Minería
Горное дело

Biologie
Biology
Biologie
Biologia
Биология

Chemie
Chemistry
Chimie
Quimica
Химия

Druck · Farbe · Papier · Photographie
Printing · Color · Paper · Photography
Imprimerie · Couleur · Papier · Photographie
Artes gráficas · Color · Papel · Fotografía
Типография · Краски · Бумага · Фотография

Eisenverarbeitende Industrie
Metal working industry
Industrie du fer
Industria del hierro
Металлообрабатывающая промышленность

Elektrotechnik · Optik
Electrotechnology · Optics
Electrotechnique · Optique
Electrotécnica · Optica
Электротехника и оптика

Energiewirtschaft
Power economy
Energie
Energía
Энергетическое хозяйство

Fahrzeugbau · Gasmotoren
Vehicle construction · Engines
Construction de véhicules · Moteurs
Construcción de vehículos · Motores
Производство транспортных средств

Fertigung
Fabrication
Fabrication
Fabricación
Производство

Funktechnik · Astronomie
Radio engineering · Astronomy
Radiotechnique · Astronomie
Radiotécnica · Astronomía
Радиотехника и астрономия

Gaswirtschaft
Gas economy
Gaz
Gas
Газовое хозяйство

Holzbearbeitung
Wood working
Travail du bois
Trabajo de la madera
Деревообработка

Hüttenwesen · Werkstoffkunde
Metallurgy · Materials research
Métallurgie · Matériaux
Metalurgia · Materiales
Металлургия и материаловедение

Kunststoffe
Plastics
Plastiques
Plásticos
Пластмассы

Luftfahrt · Flugwissenschaft
Aeronautics · Aviation
Aéronautique · Aviation
Aeronáutica · Aviación
Авиация

Luftreinhaltung
Air-cleaning
Purification de l'air
Purificación del aire
Очищение воздуха

Maschinenbau
Machinery
Construction mécanique
Construcción de máquinas
Машиностроительство

Mathematik
Mathematics
Mathématiques
Matemáticas
Математика

Medizin · Pharmakologie
Medicine · Pharmacology
Médecine · Pharmacologie
Medicina · Farmacología
Медицина и фармакология

NE-Metalle
Non-ferrous metal
Metal non ferreux
Metal no ferroso
Цветные металлы

Physik
Physics
Physique
Física
Физика

Rationalisierung
Rationalizing
Rationalisation
Racionalización
Рационализация

Schall · Ultraschall
Sound · Ultrasonics
Son · Ultra-son
Sonido · Ultrasónico
Звук и ультразвук

Schiffahrt
Navigation
Navigation
Navegación
Судоходство

Textilforschung
Textile research
Textiles
Textil
Вопросы текстильной промышленности

Turbinen
Turbines
Turbines
Turbinas
Турбины

Verkehr
Traffic
Trafic
Tráfico
Транспорт

Wirtschaftswissenschaften
Political economy
Economie politique
Ciencias económicas
Экономические науки

Einzelverzeichnis der Sachgruppen bitte anfordern

Westdeutscher Verlag GmbH
– Auslieferung Opladen –
567 Opladen, Postfach 1620

MIX
Papier aus verantwortungsvollen Quellen
Paper from responsible sources
FSC® C105338

If you have any concerns about our products,
you can contact us on
ProductSafety@springernature.com

In case Publisher is established outside the EU,
the EU authorized representative is:
**Springer Nature Customer Service Center GmbH
Europaplatz 3, 69115 Heidelberg, Germany**

Printed by Libri Plureos GmbH
in Hamburg, Germany